ABSTRACT

This reference manual provides a list of approximately 300 technical terms and phrases common to Environmental and Civil Engineering which non-English speakers often find difficult to understand in English. The manual provides the terms and phrases in alphabetical order, followed by a concise English definition, then a translation of the term in Tamil and, finally, an interpretation or translation of the term or phrase in Tamil. Following the Tamil translations section, the columns are reversed and reordered alphabetically in Tamil with the English term and translation following the Tamil term or phrase.

KEYWORDS

English to Tamil translator, Tamil to English translator, technical term translator, translator

CONTENTS

Acknowledgment

The general support and assistance with various translations provided by Mr. Vinoth Fernandez is greatly appreciated and gratefully acknowledged.

CHAPTER 1

INTRODUCTION

It is axiomatic that foreign students in any country in the world, and students who may be native to a country, but whose heritage may be from a different country, will often have difficulty understanding technical terms that are heard in the non-primary language. When English is the second language, students often are excellent communicators in English, but lack the experience of hearing the technical terms and phrases of Environmental Engineering, and therefore have difficulty keeping up with lectures and reading in English.

Similarly, when a student with English as their first language enters another country to study, the classes are often in the second language relative to the student. These English-speaking students will have the same difficulty in the second language as those students from the foreign background have with English terms and phrases.

This book is designed to provide a mechanism for the student who uses English as a second language, but who is technically competent in the Tamil language, and for the student who uses English as their first language and Tamil as their second language, to be able to understand the technical terms and phrases of Environmental Engineering in either language quickly and efficiently.

CHAPTER 2

How to Use This Book

This book is divided into two parts. Each part provides the same list of approximately 300 technical terms and phrases common to Environmental Engineering. In the first section the terms and phrases are listed alphabetically, in English, in the first (left-most) column. The definition of each term or phrase is then provided, in English, in the second column. The third column provides a Tamil translation or interpretation of the individual English term or phrase (where direct translation is not reasonable or possible). The fourth column provides the Tamil definition or translation of the term or phrase.

The second part of the book reverses the four columns so that the same technical terms and phrases from the first part are alphabetized in Tamil in the first column, with the Tamil definition or interpretation in the second column. The third column then provides the English term or phrase and the fourth column provides the English definition of the term or phrase.

Any technical term or phrase listed can be found alphabetically by the English spelling in the first part or by the Tamil spelling in the second part. The term or phrase is thus looked up in either section for a full definition of the term, and the spelling of the term in the both languages.

CHAPTER 3

ENGLISH TO TAMIL

English	English	Tamil	Tamil
AA	Atomic Absorption Spectrophotometer; an instrument to test for specific metals in soils and liquids.	அணு உறிஞ்சுதல்	அணு உறிஞ்சுதல் நிறமாலை மண் மற்றும் திரவங்கள் குறிப்பிட்ட உலோகங்கள் சோதிக்க ஒரு கருவியாக அணு உறிஞ்சுதல் பயன்படுகிறது.
Activated Sludge	A process for treating sewage and industrial wastewaters using air and a biological floc composed of bacteria and protozoa.	கிளர்த்திய கசடு	கழிவுநீர் மற்றும் காற்று பயன்படுத்தி தொழில்துறை கழிவு நீர் மற்றும் பாக்டீரியா மற்றும் புரோட்டஸோ உருவாக்குகின்றது ஒரு உயிரியல் தூள்மத் திரள் சிகிச்சைக்கு ஒரு செயல்முறையாக பயன்படுகிறது.
Adiabatic	Relating to or denoting a process or condition in which heat does not enter or leave the system concerned during a period of study.	வெப்பமாறா	நிலை அதில் உள்ள வெப்ப நுழையா அல்லது ஆய்வு ஒரு அமைப்பினை விட்டுவெளிவருதல் குறித்து படித்தல்.
Adiabatic Process	A thermodynamic process that occurs without transfer of heat or matter between a system and its surroundings.	வெப்பஞ் செல்லாநிலைச் செயல்முறை	ஒரு முறை மற்றும் அதன் சுற்றுப்புறங்களுக்கு இடையில் வெப்பம் அல்லது விஷயம் இல்லாமல் இடமாற்றம் ஏற்படும் என்று ஒரு வெப்பவியக்கவியல் செயல்முறை.

English	English	Tamil	Tamil
Aerobe	A type of organism that requires Oxygen to propagate.	உயிர்வளி தேவைப்படும் நுண்ணுயிரி	உயிரனங்கள் பெருகுவதற்கு ஆக்சிஜன் மிகவும் தேவைப் படுகிறது.
Aerobic	Relating to, involving, or requiring free oxygen.	காற்றுள்ள	உயிரனங்கள் பெருகுவதற்கு காற்று மிகவும் தேவைப் படுகிறது.
Aerodynamic	Having a shape that reduces the drag from air, water or any other fluid moving past.	காற்றியக்க வியல்	ஒரு வடிவம் கொண்ட அது இழுத்து குறைக்கிறது அதின் காற்று, தண்ணீர் அல்லது வேறு எந்த திரவம் நகரக்கூடயது காற்றியக்கவியல்.
Aerophyte	An Epiphyte	ஒட்டுயிர்ச்செடி	ஒரு தொற்றிப் படரும் பயிர்
Aesthetics	The study of beauty and taste, and the interpretation of works of art and art movements.	அழகியல்	அழகியல் என்பது அழகின் தன்மையை ஆராய்வதும், கலைப்படைப்புகளில் அழகை இனம் கண்டு இரசிப்பதும், சுவையுடன் படைப்புகளைப் படைப்பதும் பற்றிய இயலாகும்.
Agglomeration	The coming together of dissolved particles in water or wastewater into suspended particles large enough to be flocculated into settle able solids.	பலவற்றின் ஒழுங்கற்ற கூட்டு	பலவற்றின் ஒழுங்கற்ற கூட்டு.
Air Plant	An Epiphyte	காற்று தாவரம்	ஒரு தொற்றிப் படரும் தாவரம்.
Allotrope	A chemical element that can exist in two or more different forms, in the same physical state, but with different structural modifications.	புறவேற்றுமைத் தனிமம்	ஒரு வேதியியல் தனிமம் ஆனது இரண்டு அல்லது அதற்கு மேற்பட்ட வெவ்வேறு வடிவங்களில் உள்ள வெவ்வேறு கட்டமைப்பு மாற்றங்களுடன், அதே உடல் நிலையில், இருக்க முடியும். பொருண்மை மாறாமல் அணு அமைப்பு மட்டும் மாறும் மறுவடிவம்.

English	English	Tamil	Tamil
AMO (Atlantic Multidecadal Oscillation)	An ocean current that is thought to affect the sea surface temperature of the North Atlantic Ocean based on different modes and on different multidecadal timescales.	அட்லாண்டிக் பல பத்தாண்டு வளர்ச்சி விகீத ஊசலாட்டம்	ஒரு பெருங்கடல் என்று கருதப்படும் ஒரு நீரோட்டத்தின் பல்வேறுப்பட்ட முறைகளில் மற்றும் பல்வேறு பல பத்தாண்டு வளர்ச்சி விகீத நேர அளவுகளின் அடிப்படையில் வட அட்லாண்டிக் பெருங்கடல், கடல் பரப்பு வெப்பநிலை பாதிக்கின்றது.
Amount Concentration	Molarity	அளவு செறிவு	கரைமை அல்லது மோலார் எண்.
Amount vs. Concentration	An amount is a measure of a mass of something, such as 5 mg of sodium. A concentration relates the mass to a volume, typically of a solute, such as water; for example: mg/L of Sodium per liter of water, or mg/L.	அளவு மற்றும் செறிவு	ஒரு தொகை ஏதாவது ஒரு வெகுஜன ஒரு அடர்த்தியில் சோடியம் 5மி.கி. உள்ளது. ஒரு செறிவு பொதுவாக தண்ணீர் போன்ற கலவையின், ஒரு தொகுதி வெகுஜன தொடர்புடையது உதாரணமாக மி.கி/ லிட்டர் தண்ணீரில் சோடியம் per liter ஆகவும் தண்ணீர் மி.கி/ லிட்டர்ாகவும் உள்ளது.
Amphoterism	When a molecule or ion can react both as an acid and as a base.	இருநிலைத்-தன்மை	ஒரு மூலக்கூறு அல்லது அயனி ஒரு அமில-காரமாக செயல்பட முடியும்.
Anaerobe	A type of organism that does not require Oxygen to propagate, but can use nitrogen, sulfates, and other compounds for that purpose.	காற்றில்லா	ஒரு வகையான உயிரினத்திற்கு கடத்தப்பட ஆக்ஸிஜன் தேவைப்படும். மற்றும் நைட்ரஜன், சல்பேடுகள், மற்றும் பிற கலவைகள் அதனுடன் கலந்து பயன்படுத்தபடுகிறது.
Anaerobic	Related to organisms that do not require free oxygen for respiration or life. These organisms typically utilize nitrogen, iron, or some other metals for metabolism and growth.	காற்று புகா	உயிரினங்கள் தொடர்பானவைகளுக்கு சுவாசத்திற்கு ஆக்சிஜன் நைட்ரஜன், இரும்பு, அல்லது வேறு சில வளர்சிதை மாற்றம் மற்றும் வளர்ச்சி உலோகங்கள் பயன்படுத்த தேவைப்படுகிறது.

English	English	Tamil	Tamil
Anaerobic Membrane Bioreactor	A high-rate anaerobic wastewater treatment process that uses a membrane barrier to perform the gas-liquid-solids separation and reactor biomass retention functions.	காற்றுபுகா மென்படல உயிரி வினைகலம்	எரிவாயு திரவ திட பிரிப்பு மற்றும் உலை உயிரி வைத்திருத்தல் செயல்பாடுகளை ஒரு சவ்வு தடையாக பயன்படுத்தும் ஒரு உயர் விகிதம் காற்றில்லா கழிவுநீர் சுத்திகரிப்பு செயல்முறை ஆகும்.
Anammox	An abbreviation for "Anaerobic ammonium oxidation," an important microbial process of the nitrogen cycle; also the trademarked name for an anammox-based ammonium removal technology.	அனமோக்ஸ்	அனிரோபிக் அமோனியம் ஆக்சிடேஷன் ஒரு சுருக்கம் நைட்ரஜன் சுழற்சியின் ஒரு முக்கியமான நுண்ணுயிர் செயல்முறை. அனமோக்ஸ் சார்ந்த தொழில்நுட்பம் வணிகக் குறியீடு பெயருடன் அம்மோனியம் அகற்றுதல்.
Anion	A negatively charged ion.	எதிர்அயனி (எதிர் மின்னணு)	ஒரு எதிர்மறையாக விதிக்கப்படும் அயனி.
AnMBR	Anaerobic Membrane Bioreactor	காற்று புகா மென்படலம்	காற்று புகா மென்படல உயிரி வினைகலம்
Anoxic	A total depletion of the concentration of oxygen, typically associated with water. Distinguished from "anaerobic" which refers to bacteria that live in an anoxic environment.	உயிர் வளியற்ற மண்டலம்	உயிரியம் செறிவு மொத்தம் மறைவு, பொதுவாக நீர் தொடர்புடைய. ஒரு உயிர் வளியற்ற மண்டல (அன்க்சிக்) சூழலில் வாழ பாக்டீரியா காற்று புகா இடத்திலும் வாழுகிறது.
Anthropodenial	The denial of anthropo-genic characteristics in humans.	மனிதக்குரங்கு வகை	மனிதர்களில் மனித இனத்தால் உருவாகும் பண்புகளின் மறுப்பு.
Anthropogenic	Caused by human activity.	மனித இனச் சூழல்	மனித நடவடிக்கையின் மூலம் ஏற்படும்.
Anthropology	The study of human life and history.	மானிடவியல்	மனித வாழ்க்கை மற்றும் வரலாற்று ஆய்வில்.
Anthropomor-phism	The attribution of human characteristics or behavior to a non-human object, such as an animal.	மாந்தவுருபியம்	ஒரு விலங்கு போன்ற மனித பண்புகள் அல்லது, அல்லாத மனித மறுப்புக்கூறு கொண்டது.

English	English	Tamil	Tamil
Anticline	A type of geologic fold that is an arch-like shape of layered rock which has its oldest layers at its core.	மல்முகமடுப்பு	நிலவியல் மடங்கு ஒரு வகை அதன் அடிப்படை அதன் பழமையான அடுக்குகள் கொண்ட அடுக்கு பாறை ஒரு ஆர்ச் போன்ற வடிவம் ஆகும்.
AO (Arctic Oscillations)	An index (which varies over time with no particular periodicity) of the dominant pattern of non-seasonal sea-level pressure variations north of 20N latitude, characterized by pressure anomalies of one sign in the Arctic with the opposite anomalies centered about 37–45N.	ஆர்டிக் அலைவு அல்லது ஊசலாடுதல்	வடக்கில் 20N அட்சரேகை அல்லாத பருவகால கடல் மட்ட அழுத்தமாக வேறுபாடுகள் மேலாதிக்க முறை (எந்தவொரு கால இடைவெளி காலப்போக்கில் மாறுபடும்) ஒரு குறியீட்டு, எதிர் முரண்பாடுகள் கொண்ட ஆர்டிக் ஒரு அடையாளம் அழுத்தம் முரண்பாடுகள் வகைப்படுத்தப்படும் பற்றி 37–45N மையம்.
Aquifer	A unit of rock or an unconsolidated soil deposit that can yield a usable quantity of water.	ஆழ்நிலநீர்	ஒரு அலகுவின் பாறை ஒரு அடுக்குகளற்ற நெகிழ் மண் படிந்த பாறையின் நெகிழ்வில் உள்ள வைப்பு நீர்.
Autotrophic Organism	A typically micro-scopic plant capable of synthesizing its own food from simple organic substances.	தன்னூட்டம் உயிரி	எளிய கரிம பொருட்கள் இருந்து தனது சொந்த உணவு செயற்கை திறன்கொண்ட ஒரு பொதுவாக நுண்ணுயிர்களாக கொண்டது.
Bacterium(a)	A unicellular micro-organism that has cell walls, but lacks organelles and an organized nucleus, including some that can cause disease.	நுண்மம்	ஒரு உயிரணு நுண்ணுயிரிகளின் செல்சுவர்கள் உட்பட உள்ளுறுப்புகள் மற்றும் ஒரு ஒழுங்கமைக்கப்பட்ட கரு, உள்ளது இதனுடன் சில வகையானது நோயை ஏற்படுத்தலாம்.

English	English	Tamil	Tamil
Benthic	An adjective describing sediments and soils beneath a water body where various "benthic" organisms live.	கடலடி (சார்)	பல்வேறு "கடலடி" (சார்) உயிரினங்கள் வாழும் ஒரு நீர் உடல் அடியில் வண்டல் மற்றும் மண்.
Biochar	Charcoal used as a soil supplement.	உயிர்கரி	ஒரு மண் நிரப்பியாக பயன்படுத்தப்படும் கரிக்கட்டை.
Biochemical	Related to the biologically driven chemical processes occurring in living organisms.	உயிர் வேதியியல்	வாழும் உயிரினங்களில் ஏற்படும் உயிரியல் ரீதியாக இயக்கப்படும் இரசாயன செயல்கள் தொடர்பாக உயிரினங்கள்.
Biofilm	Any group of microorganisms in which cells stick to each other on a surface, such as on the surface of the media in a trickling filter or the biological slime on a slow sand filter.	உயிர்த்திரை	உயிர்த்திரை என்பது நுண்ணுயிர்கள் குழு ஒரு தளத்தின் மேல் ஓட்டிகொண்டிருப்பது, அதாவது சொட்டு வடிகட்டியின் ஊடகத்தின் மேற்பரப்புறத்திலோ அல்லது மெது மணல் வடிப்பி உயிரி கூழ் மீது ஓட்டிக்கொண்டிருப்பது.
Biofilter	Trickling Filter	உயிரி வடிகட்டி	சொட்டு வடிகட்டி
Biofiltration	A pollution control technique using living material to capture and biologically degrade the pollutants.	உயிரி வடிகட்டு	உயிரி பொருட்களை கொண்டு மாசுகளை பிடித்து உயிரியல் முறையில் சிதைக்கும் ஒரு மாசு கட்டுப்பாட்டு நுட்பம்.
Bioflocculation	The clumping together of fine, dispersed organic particles by the action of specific bacteria and algae, often resulting in faster and more complete settling of organic solids in wastewater.	உயிர் திரைதல்	தின்ம பொருட்களிளன் கழிவுநீர் ஒரு இடத்தில் படிந்து அதினை குறிப்பிட்ட பாக்டீரியா மற்றும் பாசிகளைக் கொண்டு மூலம் கரிம துகள்கள் கலைந்து திரைதல் உயிர்திரைதல் ஆகும்.
Biofuel	A fuel produced through current biological processes, such as anaerobic digestion of organic matter, rather than being produced by geological	உயிரி எரிபொருள்	நிலக்கரி மற்றும் பெட்ரோலிய போன்ற படிம பொருட்களை கொண்டு தயாரிக்கிறது காற்று புகா செரிமானம், போன்ற தற்போதைய உயிரியல் செயல்முறைகள்,

English	English	Tamil	Tamil
	processes such as fossil fuels, such as coal and petroleum.		மூலம் எரிபொருள் உற்பத்தி செய்யப்படு-கிறது.
Biomass	Organic matter derived from living, or recently living, organisms.	உயிரி வெகுஜன பயோமாஸ்	வாழும், அல்லது சமீபத்தில் வாழும் பெறப்பட்ட ஆர்கானிக், உயிரினங்கள்.
Bioreactor	A tank, vessel, pond or lagoon in which a bio-logical process is being performed, usually associated with water or wastewater treatment or purification.	உயிரி உலை	இதில், வழக்கமாக தண்ணீர் அலலது கழிவுநீர் சுத்திகரிப்பு அல்லது சுத்திகரிப்பு தொடர்புடைய ஒரு தொட்டி, கப்பல், குளம் அல்லது குளம் ஒரு உயிரியல் செயல்முறை செய்யப்பட்டு வருகிறது.
Biorecro	A proprietary process that removes CO_2 from the atmosphere and store it permanently below ground.	உயிரி உலை	வளிமண்டலத்தில் இருந்து CO_2 வை நீக்குகின்ற மற்றும் நிலப்பரப்பில் கீழே நிரந்தரமாக அதை சேமித்து வைக்கின்றது.
Biotrans-formation	The biologically driven chemical alteration of compounds such as nutrients, amino acids, toxins, and drugs in a wastewater treatment process.	உடலில் மருந்து மாற்றம்	கழிவுநீர் சுத்திகரிப்பு செயல்முறையில் சத்துக்கள், அமினோ அமிலங்கள், நச்சுகள், மற்றும் மருந்துகள் கலவைகள் உயிரியல் ரீதியாக இயக்கப்படும் இரசாயன மாற்றம் செய்யப்படுகின்றது.
Black water	Sewage or other wastewater contaminated with human wastes.	கழிவுநீர்	கழிவுநீர் அல்லது மனித கழிவுகள் மாசுபட்ட மற்ற கழிவுநீரை சுத்திகரித்தல்.
BOD	Biological Oxygen Demand; a measure of the strength of organic contaminants in water.	உயிரியல் ஆக்ஸிஜன் தேவை	உயிரியல் ஆக்ஸிஜன் தேவை நீரில் கரிம மாசு வலிமை ஒரு அளவிடுதல்.
Bog	A bog is a domed-shaped land form, higher than the surrounding landscape, and obtaining most of its water from rainfall.	சேறு நிறைந்த	ஒரு சேறு நிறைந்த ஒரு குவிமாட வடிவ நில, சுற்றியுள்ள இயற்கை விட அதிகம் மழை அதன் நீர் பெரும்பகுதி ஆகும்.

English	English	Tamil	Tamil
Breakpoint Chlorination	A method for determining the minimum concentration of chlorine needed in a water supply to overcome chemical demands so that additional chlorine will be available for disinfection of the water.	இடைவேளை நேரம் குளோரின் கலப்பதால்	குளோரினீர் தொற்று இரசாயன வகைகளை கடக்க ஒரு தண்ணீர் கடத்தி தேவை குளோரின் குறைந்தபட்ச செறிவு தீர்மானிப்பதற்கான ஒரு முறை.
Buffering	An aqueous solution consisting of a mixture of a weak acid and its conjugate base, or a weak base and its conjugate acid. The pH of the solution changes very little when a small or moderate amount of strong acid or base is added to it and thus it is used to prevent changes in the pH of a solution. Buffer solutions are used as a means of keeping pH at a nearly constant value in a wide variety of chemical applications.	இடையகப்-படுத்துகிறது	ஒரு வீரியம் குறைந்த அமிலம் ஒரு கலவை மற்றும் அதன் இணைப்புமூலம், அல்லது ஒரு வீரியம் குறைந்த தளத்தையும் அதன் இணை அமிலம் கொண்ட நீர்சார்ந்த தீர்வு கார வலுவான அமிலம் அல்லது அடிப்படை ஒரு சிறிய அல்லது மிதமான அளவு அது சேர்க்க-ப்படும் போது மிக சிறிய மாற்றங்கள் மற்றும் இதனால் அது ஒரு தீர்வு கார மாற்றங்கள் தடுக்க பயன்படுத்-தப்படுகிறது. இடையக தீர்வுகள் இரசாயன பயன்பாடுகள் பல்வேறு ஒரு கிட்டத்தட்ட மாறா மதிப்பு கார வைத்து ஒரு வழிமுறையாக பயன்படுத்தப்படுகிறது.
Cairn	A human-made pile (or stack) of stones typically used as trail markers in many parts of the world, in uplands, on moorland, on mountaintops, near waterways and on sea cliffs, as well as in barren deserts and tundra.	கற்குவியல்	முட்புதர் மீதும் மலை உச்சிகளில், அருகில் நீர்வழிகள், கடலில் பாறை மீது, அதே போல் தரிசாக பாலைவனங்கள் மற்றும் பனிப்பிரதேசத்தில் உள்ள கற்குவியலாகவும் பொதுவாக, மேட்டு உள்ள பகுதிகளில் பாதை குறிப்பான்கள் பயன்படு-த்தப்படுகிறது உலகின் பல பகுதிகளில்

English	English	Tamil	Tamil
			கற்கள் ஒரு மனிதனால் குவியல் பொல அடுக்கி வைக்கப்பட்டுள்ளன.
Capillarity	The tendency of a liquid in a capillary tube or absorbent material to rise or fall as a result of surface tension.	நுண்புழைமை	ஒரு நுண்குழல் அல்லது உறிஞ்சு பொருள் ஒரு திரவ போக்கு உயரும் அல்லது மேற்பரப்பில் பரப்பு இழுவிசை.
Carbon Nanotube	Nanotube	கார்பன் நானோகுழாய்	கார்பன் நானோகுழாய்
Carbon Neutral	A condition in which the net amount of carbon dioxide or other carbon compounds emitted into the atmosphere or otherwise used during a process or action is balanced by actions taken, usually simultaneously, to reduce or offset those emissions or uses.	கார்பன் சமநிலை	கரியமில வாயு அல்லது கார்பன் சேர்மங்களை நிகர அளவில் அல்லது வளிமண்டலத்தில் உமிழப்படும் இதில் இல்லையெனில் ஒரு செயல்முறை அல்லது அளவிடு போது பயன்படுத்தப்படும் நிபந்தனை அல்லது குறைக்க, வழக்கமாக ஒரே நேரத்தில், எடுக்கப்பட்ட அளவிடு சமச்சீர் ஈடு அந்த மாசு அல்லது பயன்கள்.
Catalysis	The change, usually an increase, in the rate of a chemical reaction due to the participation of an additional substance, called a catalyst, which does not take part in the reaction but changes the rate of the reaction.	வினையூக்கம்	வினையூக்கம் என்பது வேதி வினையின் விகிதம் அதிகரிப்பு, மற்றும் ஒரு ஊக்கியாக எதிர்வினை செயல்புரிந்து வினையின் விகிதத்தை மாற்றுகிறது, இதில் ஒரு கூடுதல் பொருள் பயன்படுத்தும் பொது எந்த வினையும் மாறப்போவதில்லை.
Catalyst	A substance that cause Catalysis by changing the rate of a chemical reaction without being consumed during the reaction.	வினையூக்கி	வேதி வினையின் விகிதம் மாற்றுவதன் மூலம் வினையூக்கி ஏற்படுத்தும் என்று ஒரு எதிர்வினை.
Cation	A positively charged ion	நேர்மின் அயனி	நேர்மறையாக திறனேற்றப்பட்ட அயன்

English	English	Tamil	Tamil
Cavitation	Cavitation is the formation of vapor cavities, or small bubbles, in a liquid as a consequence of forces acting upon the liquid. It usually occurs when a liquid is subjected to rapid changes of pressure, such as on the back side of a pump vane, that cause the formation of cavities where the pressure is relatively low.	வெற்றிடமாதல்	ஒரு திரவ துவாரங்களை உருவாக்கம் என்று ஒரு பம்ப் திசை-காட்டி பின்புறம் அழுத்தம் விரைவான மாற்றங்கள், உள்ளாக்கப்படும். அழுத்தம் வெற்றிடமாதல் நீராவி துவாரங்கள், அல்லது சிறிய குமிழிகள் உருவாக்கம், திரவ மீது படைகள் விளைவாக ஒரு திரவம் உள்ளது.
Centrifugal Force	A term in Newtonian mechanics used to refer to an inertial force directed away from the axis of rotation that appears to act on all objects when viewed in a rotating reference frame.	மையவிலக்கு விசை	மையவிலக்கு விசை என்பது சுழற்சியினால் ஏற்படும் நிலைமத்தின் விளைவுகளைக் குறிப்பதாகும், மேலும் அது சுழற்சியின் மையத்திலிருந்து புறத்தே நோக்கி அமையும் விசையாக உள்ளது.
Centripetal Force	A force that makes a body follow a curved path. Its direction is always at a right angle to the motion of the body and towards the instantaneous center of curvature of the path. Isaac Newton described it as "a force by which bodies are drawn or impelled, or in any way tend, towards a point as to a centre."	மையநோக்கு விசை	மையநோக்கு விசை என்பது ஓர் உடலை வளைந்த பாதையில் பயணிக்க வைக்கும் விசையாகும். அதன் திசை எப்பொழுதும் உடலின் திசைவேகத்திற்கு செங்குத்தானதாக, வளைவுப் பாதையின் கணநிலை மைத்தினோடு செல்வதாக இருக்கும். மையநோக்கு விசையே வட்ட இயக்கத்திற்கு காரணமாகும்.
Chelants	A chemical compound in the form of a heterocyclic ring, containing a metal ion attached by coordinate bonds to at least two nonmetal ions.	நெருக்கப் பிணைச்சேர்மம்	ஒரு வேற்றணு வளைய சேர்மம் வடிவில் ஒரு ரசாயன கலவை, மூலம் இணைக்கப்பட்ட ஒரு உலோக அயன் கொண்ட குறைந்தது இரண்டு அலோக அயனிகள் கொண்டவகைளை ஒருங்கிணைத்தல்.

English	English	Tamil	Tamil
Chelate	A compound containing a ligand (typically organic) bonded to a central metal atom at two or more points.	நெருக்கப் பிணைச்சேர்மம்	அணைவியின் (பொதுவாக கரிம) இரண்டு அல்லது அதற்கு மேற்பட்ட புள்ளிகள் ஒரு மைய உலோக அணுவுக்கு பிணைக்கப்பட்ட கொண்ட ஒரு கலவை.
Chelating Agents	Chelating agents are chemicals or chemical compounds that react with heavy metals, rearranging their chemical composition and improving their likelihood of bonding with other metals, nutrients, or substances. When this happens, the metal that remains is known as a "chelate."	பிணைக்கும் பொருள்	இடுக்கி இணைப்பிடிப்புள்ளாக்கும் இரசாயன அல்லது கன உலோகங்கள் வினை-புரியும் என்று ரசாயன கலவைகள், அவற்றின் இரசாயன கலவை வரிசைப்படுத்தும் மற்றும் பிற உலோ-கங்கள், சத்துக்கள், அல்லது பொருட்களை பிணைப்பு தங்கள் வாய்ப்பு மேம்படுத்த உள்ளன. இது நிகழும் போது, உள்ளது என்று உலோக ஒரு இடுக்கியுடைய என அறியப்படுகிறது.
Chelation	A type of bonding of ions and molecules to metal ions that involves the formation or presence of two or more separate coordinate bonds between a polydentate (multiple bonded) ligand and a single central atom; usually an organic compound.	கொடுக்கு இணைப்பு வினை	ஒரு பல்வினை (பல பிணைக்கப்பட்ட) மூலக்கூறு மற்றும் ஒரு ஒற்றை மத்திய அணுவின் இடையே இரண்டு அல்லது அதற்கு மேற்பட்ட தனி ஒருங்கிணைக்க பத்திரங்கள் உருவாக்கம் அல்லது முன்னிலையில் அடங்கும் என்று அயனிகள் மற்றும் மூலக்கூறுகள் உலோக அயனிகள் செல்லும் பிணைப்பின் ஒரு வகை வழக்கமாக ஒரு கரிம சேர்மம்.
Chelators	A binding agent that suppresses chemical activity by forming chelates.	பிணைப்பாற்றல்	நெருக்கப் பிணைச்சேர்மம் அமைப்பதன் மூலம் இரசாயன அளவிடுதல் நெருக்கிவிடும் பிணைப்பு.

English	English	Tamil	Tamil
Chemical Oxidation	The loss of electrons by a molecule, atom or ion during a chemical reaction.	இரசாயனத் ஆக்ஸைடு	ஒரு இரசாயன எதிர்வினை போது ஒரு மூலக்கூறு, அணு அல்லது அயன் மூலம் எலக்ட்ரான்கள் இழப்பு.
Chemical Reduction	The gain of electrons by a molecule, atom or ion during a chemical reaction.	இரசாயனத் குறைப்பு	ஒரு இரசாயன எதிர்வினை போது ஒரு மூலக்கூறு, அணு அல்லது அயன் மூலம் எலக்ட்ரான்கள் ஆதாயம்.
Chlorination	The act of adding chlorine to water or other substances, typically for purposes of disinfection.	குளோரினேற்றம்	குளோரின் நீக்குவதை நோக்கங்களுக்காக பொதுவாக, நீர் அல்லது மற்ற பொருட்கள் சேர்த்து செயல்படுகிறது.
Choked Flow	Choked flow is that flow at which the flow cannot be increased by a change in Pressure from before a valve or restriction to after it. Flow below the restric- tion is called Subcritical Flow, flow above the restriction is called Critical Flow.	அடைப்பட்டு பாய்ச்சல்	அடைப்பட்டு ஓட்டம் என்பது பாய்வின் அது பின்னர் ஒரு வால்வு அல்லது கட்டுப்பாடு முன் இருந்து அழுத்தம் ஒரு மாற்றம் உயர்த்த முடியாது என்று ஓட்டம் உள்ளது. கட்டு- ப்பாடு கீழே பாய்ச்சல் கட்டுப்பாடு மேலே பாயும் சிக்கல் என்று அழைக்கப்படுகிறது, துணை-நுண்ணாய்- வுடைய என்று அழைக்கப்படுகிறது.
Chrysalis	The chrysalis is a hard casing surrounding the pupa as insects such as butterflies develop.	வண்ணத்துப் பூச்சிகளின் கூட்டுப்புழு	வண்ணத்துப்பூச்சிகளின் கூட்டுப்புழுவை சுற்றியுள்ள ஒரு கடின- மான உறை உள்ளது கூட்டுப்புழு புழுக்கூட்டை அபிவிருத்தி செய்ய பட்டாம்- பூச்சிகள் வருகின்றது.
Cirque	An amphitheater-like valley formed on the side of a mountain by glacial erosion.	பனிஅரி பள்ளம்	உறைபனி அரிப்பு ஒரு மலை பகுதியை உருவாக்கப்படுகின்ற அரங்கு போன்ற பள்ளத்- தாக்கில் பனிஅரிபள்ளம் இருக்கிறது.
Cirrus Cloud	Cirrus clouds are thin, wispy clouds that usually form above 18,000 feet.	கீற்று மேகம்	கீற்று மேகம் 18,000 அடி மேலே வழக்கமாக அமைக்க வேண்டும் என்று மெல்லிய, நலிந்த மேகங்கள் உள்ளன.

English	English	Tamil	Tamil
Coagulation	The coming together of dissolved solids into fine suspended particles during water or waste-water treatment.	இரத்தக்கட்டு	நீர் அல்லது கழிவுநீர் சுத்திகரிப்பு போது நன்றாக நிறுத்தி துகள்கள் கலைக்கப்-படும் திடப்பொருள்.
COD	Chemical Oxygen Demand; a measure of the strength of chemical contaminants in water.	வேதி உயிரியம் கோரிக்கை	வேதி உயிரியம் கோ-ரிக்கைநீரில் இரசாயன அசுத்தங்கள் வலிமை ஒரு அளவிடுதல்.
Coliform	A type of Indicator Organism used to deter-mine the presence or absence of pathogenic organisms in water.	கோலை வடிவ	உயிரினம் ஒரு வகை நீரில் நோய் விளைவிக்கும் உயிரினங்கள் இருக்கிறதா அல்லது இல்லையா என்று தீர்மானிக்க பயன்படுத்தப்படுகிறது.
Concentration	The mass per unit of volume of one chemical, mineral or compound in another.	செறிவு	வேறு ஒரு இரசாயன, கனிம அல்லது கலவை அளவு அலகுக்கான நிறை.
Conjugate Acid	A species formed by the reception of a proton by a base; in essence, a base with a hydrogen ion added to it.	இணை அமிலம்	ஒரு தளம் மூலம் ஒரு புரோட்டான் ஏற்பிசைவு கொண்ட இணையா-க்கம் சாராம்சத்தில் ஒரு ஹைட்ரஜன் ஒரு தளமாக அது சேர்க்க-ப்படும் அயன்.
Conjugate Base	A species formed by the removal of a proton from an acid; in essence, an acid minus a hydrogen ion.	இணைப்புமூலம்	ஒரு அமில கழித்தல் ஹைட்ரஜன் அயனி. ஒரு அமிலத்திலிருந்து ஒரு புரோட்டான் நீக்கம் செய்து அது இணையா-க்கம் செய்யப்படும்.
Contaminant	A noun meaning a substance mixed with or incorporated into an otherwise pure substance; the term usually implies a negative impact from the contaminant on the quality or characteristics of the pure substance.	அழுக்கு	ஒரு பொருள் கலந்த அல்லது மற்றபடி தூ ய்மையான பொருள் இணைக்கப்பட்டன, அதாவது ஒரு பெயர்ச்சொல் கால வழக்கமாக தரம் அல்லது சுத்தமான பொருளின் பண்புகள் மீது அசுத்தம் இருந்து ஒரு எதிர்மறை தாக்கத்தை குறிக்கிறது.

English	English	Tamil	Tamil
Contaminant Level	A misnomer incorrectly used to indicate the concentration of a contaminant.	மாசுபடுத்தும் நிலை	ஒரு பிறழ் சொல்வழக்கு தவறாக அசுத்தம் செறிவு குறிக்க பயன்படுத்தப்படும்.
Contaminate	A verb meaning to add a chemical or compound to an otherwise pure substance.	மாசுபடுத்து	ஒரு இரசாயன அல்லது கலவை சேர்க்க பொருள் ஒரு வினையுடன் சேர்ந்து தூய்மையான பொருள் கிடைக்கின்றது.
Continuity Equation	A mathematical expression of the Conservation of Mass theory; used in physics, hydraulics, etc., to calculate changes in state that conserve the overall mass of the system being studied.	தொடர்ச்சிச் சமன்பாடு	ஒரு கணித வெளிப்பாடு மாஸ் கோட்பாடு பாதுக-ாப்பிற்கு உதவியாக இயற்பியல், நீரியல், கணக்கிட, மாற்றங்கள் அமைப்பின் ஒட்டுமொத்த வெகுஜன பாதுகாப்ப-தற்காக அந்த நிலயில் முதலியன பயன்படு-த்தப்படும் ஆய்வு செய்யப்படும்.
Coordinate Bond	A covalent chemical bond between two atoms produced when one atom shares a pair of electrons with another atom lacking such a pair. Also called a *coordinate covalent bond.*	ஈதல் பிணைப்பு	ஒரு ஒருங்கிணைந்த சகப் வேதிய பிணைப்பு இரண்டு அணுக்களை உற்பத்தி செய்கின்றது அவற்றில் ஒன்று ஒரு அணு எலக்ட்ரான்களை பகிரும் போது மற்றொரு அணுவுடன் பகிருதல் செய்யும்போது அந்த அணு எலக்ட்ரான்களை இழக்கின்றது இதற்கு ஆய சகப்பிணைப்பு எனப்படும்.
Cost-Effective	Producing good results for the amount of money spent; economical or efficient.	செலவு	பொருளாதார அல்லது திறமையானது என்பது பணம் செலவு செய்வதின் அளவினை பொறுத்தது.
Critical Flow	Critical flow is the special case where the Froude number (dimensionless) is equal to 1; or the velocity divided by the square root of (gravitational constant multiplied by the depth) = 1 (Compare to Supercritical Flow and Subcritical Flow).	விமர்சன பாய்ச்சல்	சிக்கலான ஓட்டம் புரூடு எண் (பரிமாணமற்றது) 1 சமமாக இருக்கும் சந்தர்ப்பத்தில் உள்ளது அல்லது (ஆழம் பெருக்கி பூவியிர்ப்பு நிலை) = 1 சதுர ரூட் வகுக்க திசைவேகம் (பிறழ் ஓட்டம் மற்றும் துணைப்பிறழ்நிலை ஓட்டம் ஒப்பிடு).

English	English	Tamil	Tamil
Cumulonimbus Cloud	A dense, towering, vertical cloud associated with thunderstorms and atmospheric instability, formed from water vapor carried by powerful upward air currents.	திரள் கார்முகில் கிளவுட்	ஒரு அடர்ந்த, உயர்ந்த மனிதன், செங்குத்து இடியுடன் கூடிய வளிமண்டல உறுதியற்ற சக்திவாய்ந்த மேல்நோக்கி வளி-யோட்டங்கள் மூலம் நடத்தப்பட்ட நீராவி உருவாக்கப்பட்டது.
Cwm	A small valley or cirque on a mountain.	சிறு பள்ளம்	ஒரு மலையில் ஒரு சிறிய பள்ளத்தாக்கு அல்லது பனி அரி பள்ளம்.
Dark Fermentation	The process of converting an organic substrate to biohydrogen through fermentation in the absence of light.	இருண்ட நொதித்தல்	ஒளி இல்லாத நிலையில் நொதித்தல் மூலம் உயிரி நீரியம் ஒரு கரிம மூலக்கூறு மாற்றும் செயல்பாடு.
Deammonification	A two-step biological ammonia removal process involving two different biomass populations, in which aerobic ammonia oxidizing bacteria (AOB) nitrify ammonia to a nitrite form and then to nitrogen gas.	அம்மோனியா நீக்கப்படுதல்	இரண்டு வெவ்வேறு உயிரிமக்கள், நைட்ரஜன் வாயு ஒரு நைட்ரைட் வடிவம் இதில் ஏரோபிக் அம்மோனியா ஆக்ஸிஜனேற்றம் பாக்டீரியா (AOB) நைட்ரி அம்மோனியா பின்னர் சம்பந்தப்பட்ட ஒரு இரண்டு படி உயிரியல் அம்மோனியா அகற்றுதல் செயல்முறை.
Desalination	The removal of salts from a brine to create a potable water.	கடல்நீரைக் குடிநீராக மாற்றும்	உப்பு நிறைந்த தண்ணீரில் இருந்து உப்புக்கள் அகற்றுதல் அதை குடிநீராக உருவாக்குதல்.
Dioxane	A heterocyclic organic compound; a colorless liquid with a faint sweet odor.	டைஅக்சேன்	ஒரு பல்லினவட்டமான சேர்மத்தை, ஒரு மயக்கம் இனிப்பு மணம் கொண்ட ஒரு நிறமற்ற திரவம்.
Dioxin	Dioxins and dioxin-like compounds (DLCs) are by-products of various industrial processes, and are commonly regarded as highly toxic compounds that are environmental pollutants and persistent organic pollutants (POPs).	டையாக்ஸின்	டையாக்ஸின்கள் மற்றும் டையாக்ஸின் போன்ற சேர்மங்கள் (DLCs) மூலம் பொருட்களை பல்வேறு தொழில்துறை செயல்முறைகள், மற்றும் பொதுவாக சுற்றுச்சூழல் மாசுகள் மற்றும் விடாதிருக்கும் கரிம மாசுப் (POP) என்று மிகவும் கலவைகள் கருதப்படுகின்றன.

English	English	Tamil	Tamil
Diurnal	Recurring every day, such as diurnal tasks, or having a daily cycle, such as diurnal tides.	பகலிரவு	ஒவ்வொரு நாளும் போன்ற பகலிரவு அலைகள், போன்ற பகலிரவு பணிகளை தொடர், அல்லது ஒரு தினசரி சுழற்சி கொண்ட பகலிரவு அலைகள்.
Drumlin	A geologic formation resulting from glacial activity in which a well-mixed gravel formation of multiple grain sizes that forms an elongated or ovular, teardrop shaped, hill as the glacier melts; the blunt end of the hill points in the direction the glacier originally moved over the landscape.	முட்டை உரு பனிப்படிவு	உறைபனி மேலும் அளவிடுதல் விளைவாக ஒரு நிலவியல் உருவா-க்கம் ஒரு நீள் அல்லது கருவுறா முட்டை சார்ந்த, கண்ணீர்த்துளி உள்ளது என்று பல தானிய அளவுகள் ஒரு நன்கு கலக்கப்பட்ட சரளை உருவாக்கம் வடிவம் இதில், மலை பனிப்பாறை உருகும்போது திசையில் மலை புள்ளிகள் மழுங்கிய பனிப்பாறை முதலில் இயற்கை மீது செல்லுதல்.
Ebb and Flow	To decrease then increase in a cyclic pattern, such as tides.	சிறிதளவு மாறுபடும் ஓட்டம்	அலைகள், ஒரு வட்ட வடிவிலான அதிகரித்து பின்னர் குறைந்து காணப்படுதல்.
Ecology	The scientific analysis and study of interactions among organisms and their environment.	சூழலியல்	அறிவியல் ஆய்வு மற்றும் கருத்து பரிமாற்றம் ஆராய்வு இடையில் உயிரனம் மற்றும் அதின் சூழல்.
Economics	The branch of knowledge concerned with the production, consumption, and transfer of wealth.	பொருளியல்	உற்பத்தி, நுகர்வு, மற்றும் பொருள்வளம் மாற்றம் குறித்து அறிவு பொருளியல் ஆகும்.
Efficiency Curve	Data plotted on a graph or chart to indicate a third dimension on a two-dimensional graph. The lines indicate the efficiency with which a mechanical system will operate as a function of two dependent	திறன் கர்வ்	தரவு ஒரு இரு பரிமாண வரைபடத்தில் ஒரு மூன்றாவது பரிமாணம் குறிக்க ஒரு வரைபடம் அல்லது விளக்கப்படம் தொகுக்கப்படும் வரிகளை ஒரு இயந்திர அமைப்பு வரைபடம் x மற்றும் y அச்சுகள்

English	English	Tamil	Tamil
	parameters plotted on the x and y axes of the graph. Commonly used to indicate the efficiency of pumps or motors under various operating conditions.		மீது பதிவான இரண்டு சார்ந்து அளவுருக்கள் செயல்பாடாக செயல்படும் எந்த திறன் குறிப்பிடுகின்றன. பொதுவாக பல்வேறு இயக்க நிலைமைகளின் கீழ் குழாய்கள் அல்லது மோட்டார்கள் திறன் குறிக்க பயன்படுத்தப்படுகிறது.
Effusion	The emission or giving off of something such as a liquid, light, or smell, usually associated with a leak or a small discharge relative to a large volume.	வெளிப்பரவல்	உமிழ்வு அல்லது ஒரு திரவம், ஒளி, அல்லது வாசைன ஏதாவது நிறுத்து கொடுத்து, வழக்கமாக ஒரு கசிவு அல்லது ஒரு பெரிய தொகுதி ஒரு சிறிய வெளியேற்ற உறவினர் தொடர்புடைய வெளிப்பரவல்.
El Niña	The cool phase of El Niño Southern Oscillation associated with sea surface temperatures in the eastern Pacific below average and air pressures high in the eastern and low in western Pacific.	எல் நினோ	எல் நினோ தெற்கு திசை ஊசலாட்டம் குளிர் கட்ட கிழக்கு உயர் மற்றும் மேற்கு பசிபிக்கில் குறைந்த சராசரி மற்றும் விமான அழுத்தங்களை கீழே கிழக்கு பசிபிக் கடல் மேற்பரப்பு வெப்பநிலை தொடர்புடைய.
El Niño	The warm phase of the El Niño Southern Oscillation, associated with a band of warm ocean water that develops in the central and east-central equatorial Pacific, including off the Pacific coast of South America. El Niño is accompanied by high air pressure in the western Pacific and low air pressure in the eastern Pacific.	எல் நினோ	எல் நினோ தெற்கு திசை ஊசலாட்டம் சூடான கட்ட, தென் அமெரிக்கா பசிபிக் கடலில் உட்பட, மத்திய மற்றும் கிழக்கு-மத்திய பூமத்திய பசிபிக் உருவாகிறது என்று சூடான கடல் நீர் ஒரு இசைக்குழு தொடர்புடைய எல்-நினோ கிழக்கு பசிபிக்கில் மேற்கு பசிபிக் குறைந்த காற்று அழுத்தம் உள்ள உயர் காற்று அழுத்தம் சேர்ந்து உள்ளது.

English	English	Tamil	Tamil
El Niño Southern Oscillation	The El Niño Southern Oscillation refers to the cycle of warm and cold temperatures, as measured by sea surface temperature, of the tropical central and eastern Pacific Ocean.	எல் நினோ தெற்கு திசை ஊசலாட்டம்	எல் நினோ தெற்கு திசை ஊசலாட்டம் வெப்பமண்டல மத்திய மற்றும் கிழக்கு பசிபிக் பெருங்கடல், கடல் பரப்பு வெப்பநிலை மூலம் அளவிடப்படுகிறது, சூடான மற்றும், குளிர்ந்த வெப்பநிலை சுழற்சி குறிக்கிறது.
Endothermic Reactions	A process or reaction in which a system absorbs energy from its surroundings; usually, but not always, in the form of heat.	வெப்பத்தை உள்வாங்க-க்கூடிய எதிர்வினைகள்	ஒரு செயல்முறை அல்லது எதிர்வினை இது ஒரு அமைப்பு அதன் சுற்றுப்புறங்களை-யும் சக்தியை உறிஞ்சி பொதுவாக, ஆனால் எப்போதும், வெப்பத்தின் வடிவத்-தில் உள்வாங்கக்கூடிய எதிர்வினைகள்.
ENSO	El Niño Southern Oscillation	எல் நினோ தெற்கு திசை ஊசலாட்டம்	எல் நினோ தெற்கு திசை ஊசலாட்டம்
Enthalpy	A measure of the energy in a thermodynamic system.	என்தால்பியும்	ஒரு வெப்ப இயக்கவியல் அமைப்பில், ஆற்றல் ஒரு நடவடிக்கை.
Entomology	The branch of zoology that deals with the study of insects.	பூச்சியியல்	பூச்சிகள் ஆய்வு என்று விலங்கியலில் பாடத்தின் ஒரு பிரிவு.
Entropy	A thermodynamic quantity representing the unavailability of the thermal energy in a system for conversion into mechanical work, often interpreted as the degree of disorder or randomness in the system. According to the second law of thermodynamics, the entropy of an isolated system never decreases.	இயல்வெப்பம்	இயந்திர வேலை மாற்ற-ப்பட்டுள்ளன ஒரு முறை வெப்ப ஆற்றல் கிடை-க்காமல் குறிக்கும் ஒரு வெப்ப இயக்கவியல் அளவு, அடிக்கடி அமைப்பு கோளாறு அல்லது சீரற்ற பட்டம் என விளக்கம். வெப்ப ஆற்றலின் இரண்டாம் விதி படி, ஒரு தனிமைப்படுத்தப்பட்ட அமைப்பின் என்ட்ரோபி ஒருபோதும் குறைகிறது.
Eon	A very long time period, typically measured in millions of years.	யுகம்	ஒரு மிக நீண்ட நேரம் காலம், பொதுவாக பல மில்லியன் வருடங்களுக்கு அளவிடப்படுகிறது.

English	English	Tamil	Tamil
Epiphyte	A plant that grows above the ground, supported non-parasitically by another plant or object and deriving its nutrients and water from rain, air, and dust; an "Air Plant."	தொற்றிப் படரும் பயிர்	தரையில் மேலே வளரும் ஒரு செடி, மற்றொரு ஆலை அல்லது பொருள் மூலம் அல்லாத ஒட்டுண்ணித்தனத்தை ஆதரவு மற்றும் மழை, காற்று, மற்றும் தூ சி அதன் சத்துக்கள் மற்றும் தண்ணீர் பெறப்படும் ஒரு காற்றுதாவரம்.
Esker	A long, narrow ridge of sand and gravel, sometimes with boulders, formed by a stream of water melting from beneath or within a stagnant, melting, glacier.	வரப்பு முகடு	சில நேரங்களில் கற்பாறைகள் ஒரு நீண்ட, குறுகிய மணல் மற்றும் கற்கள் ரிட்ஜ், கீழே இருந்து அல்லது ஒரு தேக்க, உருகும் பனிப்பாறைகள் உள்ள நீர் உருகும் ஒரு ஸ்ட்ரீம் மூலம் உருவாகிறது.
Ester	A type of organic compound, typically quite fragrant, formed from the reaction of an acid and an alcohol.	எஸ்டர்	சேர்மத்தை ஒரு வகையான மிகவும் மணம், கூடியதாகவும் ஒரு அமில மற்றும் ஒரு ஆல்கஹாலின் எதிர்வினை இருந்து உருவாக்கப்பட்டது.
Estuary	A water passage where a tidal flow meets a river flow.	முகத்துவாரம்	நீர் செல்லும் பாதையில் அலைகளும் நதியும் சந்திக்கின்றன.
Eutrophication	An ecosystem response to the addition of artifi-cial or natural nutrients, mainly nitrates and phosphates to an aquatic system; such as the "bloom" or great increase of phytoplank-ton in a water body as a response to increased levels of nutrients. The term usually implies an aging of the ecosystem and the transition from open water in a pond or lake to a wetland, then to a marshy swamp, then to a Fen, and	யூட்ரோபிகேஷன்	செயற்கை அல்லது இயற்கை சத்துக்கள், முக்கியமாக நைட்ரேட் மற்றும் பாஸ்பேட்கள் ஒரு நீர்வாழ் அமைப்பு கூடுதலாக ஒரு சுற்றுச்சூழல் பதில், மலர்ந்து அல்லது சத்துக்கள் அதிகரிப்பு ஒரு பதிலை ஒரு தண்ணீர் உடலில் ∴பைட்டோப்ளா-ங்க்டன் சிறப்பான உயர்வு போன்ற. கால வழக்கமாக சுற்றுச்சூழல் ஒரு வயதான மற்றும் ஒரு ஈர ஒரு ஏரி அல்லது குளம் திறந்த

English	English	Tamil	Tamil
	ultimately to upland areas of forested land.		தண்ணீர் மாற்றம், பின்னர் சதுப்பு, ஒரு ∴பென்ஸ் செய்ய குறிக்கிறது, மற்றும் இறுதியில் காடுகள் நிலம் மேட்டுநில பகுதி.
Exosphere	A thin, atmosphere-like volume surrounding Earth where molecules are gravitationally bound to the planet, but where the density is too low for them to behave as a gas by colliding with each other.	புறவளி மண்டலம்	ஒரு மெல்லிய, வளி போன்ற தொகுதி மூலக்கூறுகள் ஈர்ப்பு கிரகத்தில் செய்பவர்கள், அங்கு ஆனால் அவர்கள் ஒருவருக்கொருவர் மோதி மூலம் வாயு நடப்பது எங்கே அடர்த்தி மிகவும் குறைவாக உள்ளது.
Exothermic Reactions	Chemical reactions that release energy by light or heat.	வெப்ப உமிழ் எதிர்வினைகள்	ஒளி அல்லது வெப்ப மூலம் ஆற்றல் வெளியிட வேதி வினைகள்.
Facultative Organism	An organism that can propagate under either aerobic or anaerobic conditions; usually one or the other conditions is favored: as Facultative Aerobe or Facultative Anaerobe.	விருப்பத்துக்குரிய உயிரினம்	காற்றுள்ள அல்லது காற்றில்லாத நிலைமைகளின் கீழ் பெருக்க ஒரு உயிரினம் வழக்கமாக ஒன்று அல்லது மற்ற நிலமைகள் சாதகமா-கவே உள்ளது. விருப்பத்துக்குரிய உயிர்வளி தேவைப்படும் நுண்ணுயிரி அல்லது விருப்பத்துக்குரிய காற்றில்லா நுண்ணுயிரி.
Fen	A low-lying land area that is wholly or partly covered with water and usually exhibits peaty alkaline soils. A fen is located on a slope, flat, or depression and gets its water from both rainfall and surface water.	தாழ்வான் சதுப்புநிலப் பகுதி	ஒரு தாழ்வான சதுப்புநிலப் பகுதி, ஒரு சாய்வு, தட்டை, அழுத்தம் அதின் மழை மற்றும் மேற்பரப்பு நீர் ஆகியவற்றை கீழ் நிலப்பகுதி மற்றும் முழுமையான சுற்றிலும் நீர் மற்றும் மண்மக்கு மற்றும் களர்மண் பரப்பு மிகுந்த நீர்.
Fermentation	A biological process that decomposes a substance by bacteria, yeasts, or other microorganisms, often accompanied by heat and off-gassing.	நொதித்தல்	ஒரு உயிரியல் செயல்முறை நுண்ணுயிரிகள் மூலம் பெரும்பாலும் வெப்ப மற்றும் இனிய–விஷ வாயுவினால் ஒரு

English	English	Tamil	Tamil
			பொருளினை சிதைகிறது பாக்டீரியா, ஈஸ்ட்டுகள், மற்றும் சேர்ந்து நடத்துவிக்கிறது.
Fermentation Pits	A small, cone shaped pit sometimes placed in the bottom of wastewater treatment ponds to capture the settling solids for anaerobic digestion in a more confined, and therefore more efficient way.	நொதித்தல் குழிகள்	சில நேரங்களில் கழிவுநீர் சுத்திகரிப்பு குளங்களில் கீழே வைக்கப்படும் ஒரு சிறிய, கூம்பு வடிவ குழி ஒரு நின்றுவிடவில்லை, எனவே இன்னும் திறமையான வழியில் காற்று புகா செரிமானம் நிலைநிறுத்த திடப்பொருட்களினால் இவை நடக்கின்றது.
Flaring	The burning of flammable gasses released from manufacturing facilities and landfills to prevent pollution of the atmosphere from the released gases.	வெடித்துள்ளது	வெளியேற்றப்பட்ட வாயுக்கள் சூழ்நிலையை மாசுபாட்டை தடுப்பதற்கு வெளியேற்றப்பட்ட எரியக்கூடிய வாயு எரியும் உற்பத்தி வசதிகள் மற்றும் நிலநிரப்புதல்கள் மூலம்.
Flocculation	The aggregation of fine suspended particles in water or wastewater into particles large enough to settle out during a sedimentation process.	திரைதல்	ஒரு வண்டல் செயல்முறையின் போது உட்புக போதுமான பெரிய துகள்கள் ஒரு நீர் அல்லது கழிவுநீரில் நன்றாக நிறுத்தி துகள்கள் திரைதல்.
Fluvioglacial Landforms	Landforms molded by glacial meltwater, such as drumlins and eskers.	நீர், பனிப்படிவு	முட்டையுருவ பனிப்படிவு மற்றும் பள்ளத்தாக்கு வரப்பு முகடு உறைபனி மேலும் உருகு அடியோடு நிலத்தோற்றங்கள்.
FOG (Wastewater Treatment)	Fats, Oil, and Grease	கழிவு நீர் சுத்திகரிப்பு	கொழுப்புகள், எண்ணெய், மற்றும் கிரீஸ்
Fossorial	Relating to an animal that is adapted to digging and life underground such as the badger, the naked mole-rat, the mole salamanders and similar creatures.	குழிப்பறிக்கும் வகை கால்கள்	ஒரு விலங்கு தொடர்பான குழாய் உட்படிவு நீக்கி, நிர்வாண துன்னெலி, மோல் சிறு கையடக்க அழுத்த மற்றும் ஒத்த உயிரினங்கள் போன்ற தோண்டி எடுத்தல் அதின் வாழ்க்கை நிலத்தடி தழுவி படித்தல்.

English	English	Tamil	Tamil
Fracking	Hydraulic fracturing is a well-stimulation technique in which rock is fractured by a pressurized liquid.	உடைவு, முறிவு	நீரழுத்த முறிவின் இதில் பாறை, அழுத்தக் திரவ சிதைக்கப்படும் நன்கு தூண்டுதல் நுட்பமாகும்.
Froude Number	A dimensionless number defined as the ratio of a characteristic velocity to a gravitational wave velocity. It may also be defined as the ratio of the inertia of a body to gravitational forces. In fluid mechanics, the Froude number is used to determine the resistance of a partially submerged object moving through a fluid.	புருடு எண்	பரிணாமமற்ற எண் ஒரு ஈர்ப்பு அலை விசைக்கு ஒரு திசைவேகத்தின் விகிதமாக வரையறு-க்கப்படுகிறது. இது ஈர்ப்பு படைகள் ஒரு நிலைமம் விகிதமாக வரையறுக்கப்படுகிறது. பாய்ம இயக்கவியலில், புருடு எண் ஒரு பகுதி மூழ்கடிக்கப்பட்டது பொருள் ஒரு திரவம் மூலம் நகரும் எதிர்ப்பை தீர்மானிக்க பயன்படுத்-தப்படுகிறது.
GC	Gas Chromatograph-an instrument used to measure volatile and semi-volatile organic compounds in gases.	வாயு குரோமடோகிராப்	வாயு குரோமடோகிராப்-வாயுக்கள் கொந்தளி-ப்பான மற்றும் அரை ஆவியாகும் கரிம சேர்மங்கள் அளவிட பயன்படுத்தப்பட்ட ஒரு கருவி.
GC-MS	A GC coupled with an MS	வளிம நிறப்பிரிகை வரைவு-பொருண்மை அலைமாலை அளவி	வளிம நிறப்பிரிகை வரைவு இணைந்து பொருண்மை அலைமாலை அளவி.
Geology	An earth science comprising the study of solid Earth, the rocks of which it is composed, and the processes by which they change.	புவியமைப்பியல்	திட பூமியின் ஆய்வு கொண்ட ஒரு புவி அறிவியல், பாறைகள் அதை உருவாக்குகி-ன்றது, மற்றும் இதன் மூலம் செயல்முறைகள் நடந்துவருகிறது.
Germ	In biology, a micro-organism, especially one that causes disease. In agriculture the term relates to the seed of specific plants.	கிருமி	உயிரியல், நுண்ணுயிர்-ப்பொருளால், நோய் ஏற்படுகிறது குறிப்பாக ஒன்று விவசாயத்தில் கால குறிப்பிட்ட தாவர விதை தொடர்புடையது.
Gerotor	A positive displacement pump.	ஜெராட்டர்	ஒரு நேர்மறை இடமாற்ற விசையியக்கக் குழாய்.

English	English	Tamil	Tamil
Glacial Outwash	Material carried away from a glacier by meltwater and deposited beyond the moraine.	பனி உறைவு கழுவ	பொருள் உருகு மூலம் ஒரு பனிப்பாறையில் இருந்து தானகவே மற்றும் பனிப்பாறை படிதல்.
Glacier	A slowly moving mass or river of ice formed by the accumulation and compaction of snow on mountains or near the poles.	பனியாறு	பனி ஒரு மெதுவாக நகரும் வெகுஜன அல்லது ஆற்றில் மலைகளில் அல்லது துருவப்பகுதிகளில் குவியும் மற்றும் பனி என்ற கச்சிதமாய் மூலம் உருவாக்கப்பட்டது.
Gneiss	Gneiss ("nice") is a metamorphic rock with large mineral grains arranged in wide bands. It means a type of rock texture, not a particular mineral composition.	கடினப்பாறைகள்	கடினப்பாறைகள் ("நுண்ணயமான") பரந்த பட்டைகள் பெரிய கனிம தானியங்கள் ஒரு உருமாறிய பாறை உள்ளது. இது பாறை அமைப்பு, குறிப்பிட்ட கனிம கலவை பொன்ற பொருள்.
GPR	Ground Penetrating Radar	மைதானம் ஊடுருவி ராடார்	மைதானம் ஊடுருவி ராடார்
GPS	The Global Positioning System; a space-based navigation system that provides location and time information in all weather conditions, anywhere on or near the Earth where there is a simultaneous unobstructed line of sight to four or more GPS satellites.	புவிக்கோள இருப்பறி அமைப்பு	புவிக்கோள இருப்பறி அமைப்பு எங்கும் அல்லது பூமியின் அருகே, அனைத்து வானிலையில் இடம் மற்றும் நேரம் தகவல் வழங்குகிறது என்று ஒரு இடத்தை சார்ந்த ஊடுருவல் முறை அங்கு நான்கு அல்லது அதற்கு மேற்பட்ட ஜி.பி.எஸ் செயற்கைகோள்கள் பார்வை ஒரு ஒரே நேரத்தில் கோட்டில் உள்ளவாறு பெறுதல் உள்ளது.
Greenhouse Gas	A gas in an atmosphere that absorbs and emits radiation within the thermal infrared range; usually associated with destruction of the ozone layer in the upper	பசுமை இல்லா வாயு	உறிஞ்சி வெப்ப அகச்சிவப்பு எல்லைக்குள் கதிர்வீச்சு வெளியேற்றுகிறது என்று ஒரு வளிமண்டலத்தில் ஏற்பட்ட வாயு, பொதுவாக பூமியின்

English	English	Tamil	Tamil
	atmosphere of the earth and the trapping of heat energy in the atmosphere leading to global warming.		மேல் வளிமண்டலத்தில் ஓசோன் படலம் மற்றும் வளிமண்டலத்தில் வெப்ப ஆற்றல் பொறி புவி வெப்பமடைதல் வழிவகுத்தது அழிப்பு தொடர்புடையது.
Grey Water	Greywater is gently used water from bath-room sinks, showers, tubs, and washing machines. It is water that has not come into contact with feces, either from the toilet or from washing diapers.	சாம்பல் நீர்	சாம்பல் நீர் என்பது பெரும்பாலும் குளியலறை, தொட்டி-களையும், சலவை இயந்திரங்கள் மூலமா-கவும் மூழ்கிவிடும், மழை, தண்ணீர் பயன்படுத்தப்படுகிறது. அது கழிப்பறையில் இருந்து அல்லது சலவையில் இருந்து மலக்கழிபிடத்திலிருந்து வரகூடிய தண்ணீராக உள்ளது.
Groundwater	Groundwater is the water present beneath the Earth surface in soil pore spaces and in the fractures of rock formations.	நிலத்தடி நீர்	நிலத்தடி நீர் மண் நுண்-துளையை இடங்களில் பூமியின் மேற்பரப்பில் கீழே மற்றும் பாறை அமைப்புக்களையும் முறிவுகள் நீர் தற்போது உள்ளது.
Groundwater Table	The depth at which soil pore spaces or fractures and voids in rock become completely saturated with water.	நிலத்தடி நீர் அட்டவணை	ஆழம் மண் நுண்துளை-ளயை இடைவெளிகள் அல்லது எலும்பு முறிவுகள் மற்றும் பாறை ஆக சுழியமா-க்குகிறது முற்றிலும் தண்ணீரால் நிறைவுற்ற.
HAWT	Horizontal Axis Wind Turbine	கிடைமட்ட அச்சு காற்றாலை விசையாழி	கிடைமட்ட அச்சு காற்றாலை விசையாழி
Hazardous Waste	Hazardous waste is waste that poses substantial or potential threats to public health or the environment.	பேரிடர்க் கழிவு	ஆபாயகரமான கழிவு பொது சுகாதார அல்லது சூழலில் கணிசமான அல்லது அச்சுறுத்தல் விடுப்பதாக என்று கழிவு உள்ளது.

English	English	Tamil	Tamil
Hazen-Williams Coefficient	An empirical relationship which relates the flow of water in a pipe with the physical properties of the pipe and the pressure drop caused by friction.	ஹசேன் வில்லியம்ஸ் குணகம்	குழாய் உடல் பண்புகள் மற்றும் உராய்வு ஏற்படும் அழுத்த இழப்பு ஒரு குழாய் நீர் ஓட்டம் தொடர்பானது இது ஒரு அனுபவ உறவு.
Head (Hydraulic)	The force exerted by a column of liquid expressed by the height of the liquid above the point at which the pressure is measured.	ஹைட்ராலிக்	எந்த அழுத்தம் அளக்கப்படுகிறது புள்ளியை மேலே திரவ உயரம் மூலம் வெளிப்படுத்தினர் திரவ ஒரு பத்தியில் கொடுக்கும்.
Heat Island	See: Urban Heat Island	வெப்ப தீவு	பார்க்க: நகர்ப்புற வெப்பத் தீவு
Heterocyclic Organic Compound	A heterocyclic compound is a material with a circular atomic structure that has atoms of at least two different elements in its rings.	பல்லினவட்டமான ஆர்கானிக் கலவை	ஒரு பல்லினவட்டமான ஆர்கானிக் கலவை அதன் வேற்றணு வளையச் சேர்மம் குறைந்தது இரண்டு வெவ்வேறு தனிமங்களின் அணுக்கள் கொண்ட ஒரு சுற்றறிக்கை அணு அமைப்பு போன்ற பொருள்.
Heterocyclic Ring	A ring of atoms of more than one kind; most commonly, a ring of carbon atoms containing at least one non-carbon atom.	பல்லினவட்டமான வளையம்	ஒன்றுக்கு மேற்பட்ட வகையான அணுக்கள் ஒரு மோதிரத்தை மிகவும் பொதுவாக கார்பன் அணுக்கள் ஒரு வளயத்தை குறைந்தது ஒரு இடை கார்பன் அணு கொண்ட வளையச் சேர்மம்.
Heterotrophic Organism	Organisms that utilize organic compounds fornourishment.	கொன்றுண்ணி உயிரினம்	உணவிற்காக கரிம சேர்மங்கள் பயன்படுத்தும் உயிரினங்கள்.
Holometabolous Insects	Insects that undergo a complete metamorphosis, going through four life stages: embryo, larva, pupa and imago.	முழு உருமாற்றமுறும் பூச்சிகள்	கரு, லார்வா, கூட்டு புழு மற்றும் நான்கு வித படிநிலை கொண்ட கட்டங்களில் நடக்கிறது, ஒரு முழுமையான உருமாற்றத்தைச் கொண்ட பூச்சிகள்.

English	English	Tamil	Tamil
Horizontal Axis Wind Turbine	Horizontal axis means the rotating axis of the wind turbine is horizontal, or parallel with the ground. This is the most common type of wind turbine used in wind farms.	கிடையச்சு காற்றாற்றல் சுழலி	கிடைமட்ட அச்சு காற்றாலை விசையாழி சுழலும் அச்சு தரையில் கிடைமட்ட, அல்லது இணை உள்ளது என்று பொருள். இந்த காற்று பண்ணைகள் பயன்படு-த்தப்படும் காற்றாலை விசையாழி மிகவும் பொதுவான வகை.
Hydraulic Conductivity	Hydraulic conductivity is a property of soils and rocks, which describes the ease with which a fluid (usually water) can move through pore spaces or fractures. It depends on the intrinsic permeability of the material, the degree of saturation, and on the density and viscosity of the fluid.	நீரழுத்த கடத்துதிறன்	ஹைட்ராலிக் கடத்துத்-திறனானது ஒரு திரவம் (வழக்கமாக நீர்) நுண்-துளையை இடைவெளிகள் அல்லது முறிவுகள் மூலம் நகர்த்த முடியும் எளிதாக விவரிக்கும் மண் மற்றும் பாறைகள் ஒரு சொத்து உள்ளது. அது பொருள். பூரித உள்ளார்ந்த ஊடுருவு திறன் பொறுத்தது, மற்றும் திரவத்தின் அடர்த்தி மற்றும் பாகுத்தன்மை மீது கொண்டது.
Hydraulic Fracturing	Fracking	நீரழுத்த முறிவின்	நீரழுத்த முறிவின்
Hydraulic Loading	The volume of liquid that is discharged to the surface of a filter, soil, or other material per unit of area per unit of time, such as gallons/ square foot/minute.	ஹைட்ராலிக் ஏற்றுகிறது	கேலன்கள் திரவ அளவு நேரம் யூனிட் பகுதியில் யூனிட் ஒன்றுக்கு ஒரு வடிகட்டி, மண், அல்லது பிற பொருள் மேற்பரப்பில் வெளி-வருவது ஆகும். சதுர அடி/நிமிடம்.
Hydraulics	Hydraulics is a topic in applied science and engineering dealing with the mechanical properties of liquids or fluids.	நீரியல்	நீரியல் பயன்படுத்-தப்படும் அறிவியல் மற்றும் பொறியியல் திரவங்கள் அல்லது திரவங்கள் இயந்திர பண்புகளை கையாள்வ-தில் ஒரு தலைப்பு.
Hydric Soil	Hydric soil is soil which is permanently or seasonally saturated by water, resulting in anaerobic condition. It is used to indicate the boundary of wetlands.	நீரக மண்	நீரக மண் அல்லது நிரந்-தரமாக பருவகாலத்தை காற்றில்லாத நிலைகளில் விளைவாக நீர் மூலம் தெவிட்டுநிலையாகி இது மண் உள்ளது. அது ஓரங்களில் எல்லை குறிக்க பயன்படுகிறது.

English	English	Tamil	Tamil
Hydroelectric	An adjective describing a system or device powered by hydro-electric power.	நீர்மின்சாரம்	ஒரு அமைப்பு அல்லது சாதனம் விவரிக்கும் ஒரு பெயரடை நீர்மின்சார மூலம் இயக்கப்படுகிறது.
Hydro-electricity	Hydroelectricity is electricity generated through the use of the gravitational force of falling or flowing water.	நீர்மின்சாரம்	நீர்மின்சாரம் மின்சாரம் வீழ்ச்சி பாயும் நீரில் ஈர்ப்பு விசை பயன்படுத்துவதன் மூலம் உருவாக்கப்படும்.
Hydrofracturing	See: Fracking	நீராற் பகுப்பு	நீரழுத்த முறிவின்
Hydrologic Cycle	The hydrological cycle describes the continuous movement of water on, above and below the surface of the Earth.	நீரியற் சுழற்சி	நீர் சுழற்சியில் பூமியின் மேற்பரப்பில் மேலே, மற்றும் கீழே நீரின் தொடர் இயக்கம் விவரிக்கிறது.
Hydrologist	A practitioner of hydrology.	நீரியலர்	நீரியல் ஒரு பயிற்சியாளர்.
Hydrology	Hydrology is the scientific study of the movement, distribution, and quality of water.	நீர் ஆற்றல்	நீரியல் இயக்கம், விநியோகம், மற்றும் நீரின் தரம் பற்றிய அறிவியல் கல்வியாகும்.
Hypertrophi-cation	Eutrophication	மீ வளர்நிலை, மீ ஊட்டநிலை	மீ வளர்நிலை, மீ ஊட்டநிலை
Imago	The final and fully developed adult stage of an insect, typically winged.	பூச்சி வளர்ச்சியில்	ஒரு பூச்சி முழுமையாக வளர்ந்த நிலையில் அவற்றிற்கு சிறகுகள் வருகின்றன.
Indicator Organism	An easily measured organism that is usually present when other pathogenic organisms are present and absent when the pathogenic organisms are absent.	சுட்டிக்காட்டி உயிரினமாக	நோய் விளைவிக்கும் உயிரினங்கள் இல்லாத போது மற்ற நோய் விளைவிக்கும் உயிரி-னங்களை இப்போதைய மற்றும் இருக்கும் போது வழக்கமாக உள்ளது என்று ஒரு எளிதாக கணக்கிட உயிரினம்.
Inertial Force	A force as perceived by an observer in an accelerating or rotating frame of reference, that serves to confirm the validity of Newton's laws of motion, e.g. the perception of being forced backward in an accelerating vehicle.	நிலைம விசை	குறிப்பு விரைந்துவரும் அல்லது சுழல் சட்டகத்தில் ஒரு பார்வையிடும்பொது உணரப்படுகின்ற ஒரு படை, என்று நியூட்டனின் இயக்க விதிகள், எ.கா. செல்லும்படியாகும் உறுதிபடுத்த உதவு-கிறது ஒரு முடுக்கி வாகனத்தில் பின்தங்கிய கட்டாயத்தில் கருத்து.

English	English	Tamil	Tamil
Infect vs. Infest	To "Infect" means to contaminate with disease-producing organisms, such as germs or viruses. To "Infest" means for something unwanted to be present in large numbers, such as mice infesting a house or rats infesting a neighborhood.	பாதிப்பை மற்றும் தொந்தரவுசெய்	நோய் உற்பத்தி பண்ண கூடிய நுண்ணுயிரி கிருமி அல்லது வைரஸ்கள், தாக்கு பொன்ற தொந்தரவு செய் போன்ற ஒரு வீட்டில் குழப்புகின்ற சுண்டெலிகள் மற்றும் எலிகள் தற்போதைய அதிக எண்ணில், மற்றும் சுண்டெலிகள் பாதி-ப்பை வீட்டில் அல்லது எலிகள் தொந்தரவு செய்கின்றப்படுத்தினது.
Internal Rate of Return	A method of calculating rate of return that does not incorporate external factors; the interest rate resulting from a transac-tion is calculated from the terms of the trans-action, rather than the results of the transaction being calculated from a specified interest rate.	உள் ஈட்டு விகிதம்	வெளிப்புற காரணிகள் இல்லை என்பது ஈட்டு விகிதம் கணக்கிட்டு, ஒரு முறை, ஒரு பரிவர்-த்தனை விளைவாக வட்டி விகிதம் பரிவர்-த்தனை முடிவுகள் ஒரு குறிப்பிட்ட வட்டி விகிதம் இருந்து கணக்கிடப்படும் இருப்பதைக் காட்டிலும், நடவடிக்கை விதி-முறைகளுக்கு இருந்து கணக்கிடப்படும்.
Interstitial Water	Water trapped in the pore spaces between soil or biosolid particles.	திரைக்கு நீர்	நீர் மண் அல்லது உயிரியத்திண்மம் துகள்கள் இடையே நுண்துளையை இடைவெளிகள் சிக்கி இருக்கின்றது.
Invertebrates	Animals that neither possess nor develop a vertebral column, including insects; crabs, lobsters and their kin; snails, clams, octopuses and their kin; starfish, sea-urchins and their kin; and worms, among others.	முதுகெலும்-பில்லாத	விலங்குகள் என்று உடையவர்கள் அல்லது பூச்சிகள் உட்பட ஒரு முள்ளந்தண்டு, உருவா-க்குவது, நண்டுகள், கடல் நண்டு மற்றும் அது தொடர்பான நத்தை-தகள், கிளிஞ்சல்கள், ஆக்டோபஸ்கள் மற்றும் தொடர்பான நட்சத்திர மீன், கடல் அர்சின்ஸ் மற்றும் அதின் தொடர்-புடைய புழுக்கள்.

English	English	Tamil	Tamil
Ion	An atom or a molecule in which the total number of electrons is not equal to the total number of protons, giving the atom or molecule a net positive or negative electrical charge.	அயனி, மின்பகவு	ஓர் அணு அல்லது மூலக்கூறில் இதில் எலக்ட்ரான்கள் மொத்த எண்ணிக்கை ஒரு நிகர நேர்மறை அல்லது எதிர்மறை மின் கட்டணம் அணுவின் கொடுத்து அல்லது மூலக்கூறு, புரோட்டான்கள் மொத்த எண்ணிக்கை சமமாக இருக்கும்.
Jet Stream	Fast flowing, narrow air currents found in the upper atmosphere or troposphere. The main jet streams in the United States are located near the altitude of the tropopause and flow generally west to east.	காற்றுத் தாரை	வேகமாக ஓடும், குறுகிய வளியோட்டங்கள் மேல் வளிமண்டலத்தில் அல்லது அடிவெளிப்பகுதியைக் காணப்படும். அமெரிக்காவில் முதன்மைத்தாரை நீரோடைகள் வெப்ப மண்டல கடப்புவெளி உயரத்தில் அருகே அமைந்துள்ள கிழக்கு மற்றும் பொதுவாக மேற்கு நோக்கி செல்கின்றன.
Kettle Hole	A shallow, sediment-filled body of water formed by retreating glaciers or draining floodwaters. Kettles are fluvioglacial landforms occurring as the result of blocks of ice calving from the front of a receding glacier and becoming partially to wholly buried by glacial outwash.	பனிக்குழிவு	நீர் ஒரு மேலோட்டமான, வண்டல் நிரப்பப்பட்ட உடல் பனிப்பாறைகள் பின்வாங்கிய அல்லது ஒரு வெள்ளப்பெருக்கு வடிகட்டி மூலம் உருவாக்கப்பட்டது அடுபிடிகலன் விலகிச்செல்லுகின்ற பனிப்பாறை முன் இருந்து பனிப்பாறை உடைப்பு தொகுதிகள் விளைவாக நிகழும் முற்றிலும் உறைபனி மேலும் பனியாற்றுப் படிவு புதைந்து ஓரளவு வருகிறது நீர் பனிப்படிவு நிலவமைப்புகள் உள்ளன.

English	English	Tamil	Tamil
Laminar Flow	In fluid dynamics, laminar flow occurs when a fluid flows in parallel layers, with no disruption between the layers. At low velocities, the fluid tends to flow without lateral mixing. There are no cross-currents perpendicular to the direction of flow, nor eddies or swirls of fluids.	வரிச்சீர் ஓட்டம்	திரவ இயக்கவியலில், ஒரு திரவம் அடுக்குகளுக்கு இடையில் தடங்கல் ஏற்படுத்தாமல், இணை அடுக்குகள் பாய்ந்தோடும் வரிச்சீர் ஓட்டம் ஏற்படுகிறது. குறைந்த திசைவேகங்களில், திரவம் பக்கவாட்டு கலக்கும் இல்லாமல் செல்லும் முனைகிறது. ஓட்டம் திசைக்கு செங்குத்தாக எந்த குறுக்கு நீரோட்டங்கள், அல்லது எதிர்சுழிப்புகள் அல்லது திரவங்கள் சுழன்று உள்ளன.
Lens Trap	A defined space within a layer of rock in which a fluid, typically oil, can accumulate.	கண்மணி வலைப்பொறி	பாறை ஒரு அடுக்கு உள்ள ஒரு வரையறுக்கப்பட்ட இடத்தை இதில் ஒரு திரவம், பொதுவாக எண்ணெய், குவிக்க முடியும்.
Lidar	Lidar (also written *LIDAR, LiDAR* or *LADAR*) is a remote sensing technology that measures distance by illuminating a target with a laser and analyzing the reflected light.	ஒளியால் வீச்சும் திசையும் காணி (ஒளிவீதிணி)	ஒளியால் வீச்சும் திசையும் காணி (ஒளிவீதிணி) லேசர் ஒரு இலக்கு ஒளியுடைய மற்றும் பிரதிபலித்தது ஒளி பகுப்பாய்வு மூலம் தூரம் அளவிடும் ஒரு தொலை உணர்வு தொழில்நுட்பம் ஆகும்.
Life-Cycle Costs	A method for assessing the total cost of facility or artifact ownership. It takes into account all costs of acquiring, owning, and disposing of a building, building system, or other artifact. This method is especially useful when project alternatives that fulfill the same performance requirements, but have different initial and operating costs, are to be compared to maximize net savings.	வாழ்க்கை சூழற்சி செலவுகள்.	உருவாக்கத்தின் உரிமை மொத்த செலவு மதிப்பீடு ஒரு முறை. அது பெறுவதற்கான வைத்திருக்கும், மற்றும் ஒரு கட்டிடம் அப்புறப்படுத்துகிறது, கட்டிட அமைப்பு, அல்லது மற்ற உருவாக்கத்தின் அனைத்து செலவுகள் கணக்கில் எடுத்து. அதே செயல்திறன் தேவைகளை நிறைவேற்ற மற்றும் ஆனால் பல்வேறு ஆரம்ப மற்றும் செலவுகள் வேண்டும், அவர்களோடு திட்டம்

English	English	Tamil	Tamil
			மாற்று நிகர சேமிப்பு அதிகரிக்க ஒப்பிடும்போது இந்த முறைகள் மிகவும் பயனள்ளுதாக இருக்கும்.
Ligand	In chemistry, an ion or molecule attached to a metal atom by coordinate bonding. In biochemistry, a molecule that binds to another (usually larger) molecule.	மூலக்கூறு	வேதியியலில், அயனி அல்லது மூலக்கூறு பிணைப்பு ஒருங்கிணைக்க ஒரு உலோக அணு இணைக்கப்பட்ட. உயிர் வேதியியல், மற்றொரு (வழக்கமாகபெரிய) மூலக்கூறுடன் கட்டிப்-போடும் ஒரு மூலக்கூறில் உள்ள.
Macrophyte	A plant, especially an aquatic plant, large enough to be seen by the naked eye.	பெரிய தாவர	குறிப்பாக ஒரு நீர்வாழ் ஆலை, அதிக அளவு ஒரு ஆலை, வெறுங்கண்ணால் பார்க்க வேண்டும்.
Marine Macrophyte	Marine macrophytes comprise thousands of species of macrophytes, mostly macroalgae, seagrasses, and mangroves, that grow in shallow water areas in coastal zones.	கடல் பெரிய தாவரம்	கடலோரப்பகுதிக-ளில் வளர்கின்றன மேக்ரோபைட்ஸ் பெரும்பாலும் மேக்ரோஅல்கா, கடல் புற்கள், மற்றும் சதுப்புநிலங்கள் இனங்கள் ஆயிரக்கணக்கான உள்ளனர்.
Marsh	A wetland dominated by herbaceous, rather than woody, plant species; often found at the edges of lakes and streams, where they form a transition between the aquatic and terrestrial ecosystems. They are often dominated by grasses, rushes or reeds. Woody plants present tend to be low-growing shrubs. This vegetation is what differentiates marshes from other types of wetland such as Swamps, and Mires.	சதுப்புநிலம்	ஒரு ஈரநிலம் மருந்தி-ற்கு பயன்படும் குட்டை செடி ஆதிக்கம், மாறாக மரவிட, தாவர இனங்கள், பெரும்பாலும் அவர்கள் நீர்வாழ் மற்றும் நிலவுலக அமைப்புக்கள் இடையே ஒரு மாற்றம் அமைக்க அங்கு ஏரிகள் மற்றும் நீரோடைகள், விளிம்புகள் காணப்படும். அவர்கள் பெரும்பாலும் புற்கள், முண்டியடிக்கும் அல்லது நாணல் மேலாதிக்கத்-தில் உள்ளன. தற்போது ஊட்டி செடிகள் குறைந்த வளரும் புதர்கள் இருக்கும்.

English	English	Tamil	Tamil
			இந்த தாவர போன்ற சதுப்பு நிலம் ஈரநிலம் மற்ற வகையான, மற்றும் அசைநள இருந்து சதுப்பு வேறுபடுத்துகிறது.
Mass Spectroscopy	A form of analysis of a compound in which light beams are passed through a prepared liquid sample to indicate the concentration of specific contaminants present.	நிறை நிறமாலையியல்	ஒளி விட்டங்களின் ஒரு தயாரிக்கப்பட்ட திரவ மாதிரி கடந்து இது ஒரு கலவை ஆய்வு ஒரு வடிவம் தற்போது குறிப்பிட்ட அசுத்தங்கள் செறிவு குறிக்க.
Maturation Pond	A low-cost polishing ponds, which generally follows either a primary or secondary facultative wastewater treatment pond. Primarily designed for tertiary treatment, (i.e., the removal of pathogens, nutrients and possibly algae) they are very shallow (usually 0.9–1 m depth).	முதிர்வு குளத்தில்	குளங்களில் பாலிஷ் ஒரு குறைந்த செலவு, பொதுவாக ஒரு முதன்மை அல்லது இரண்டாம் விருப்பத்துக்குரிய கழிவுநீர் சுத்திகரிப்பு குளம் ஒன்று பின்வருமாறு இது (−1 மீட்டர் ஆழம் பொதுவாக 0.9) முதன்மையாக மூன்றாம் நிலை சிகிச்சை, (அதாவது, நோய்கிருமிகள், ஊட்டச்சத்து அகற்றுதல் மற்றும் சாத்தியமான பாசி) அவர்கள் மிகவும் மேலோட்டமான வடிவமைக்கப்பட்டுள்ளது.
MBR	See: Membrane Reactor	சவ்வு அணு உலை	சவ்வு அணு உலை
Membrane Bioreactor	The combination of a membrane process like microfiltration or ultrafiltration with a suspended growth bioreactor.	காற்றுபுகா மென்படல உயிரி வினைகலம்	எரிவாயு திரவ திட பிரிப்பு மற்றும் உலை உயிரி வைத்திருத்தல் செயல்பாடுகளை ஒரு சவ்வு தடையாக பயன்படுத்தும் ஒரு உயர் விகிதம் காற்றில்லா கழிவுநீர் சுத்திகரிப்பு செயல்முறை.
Membrane Reactor	A physical device that combines a chemical conversion process with a membrane separation process to add reactants or remove products of the reaction.	சவ்வு அணு உலை	ஒரு சவ்வு பிரித்தெடுத்தல் செயல்பாட்டின் ஒரு இரசாயன மாற்றம் செயல்முறை ஒருங்கிணைக்கிறது ஒரு சாதனமாகும் வினைபடு

English	English	Tamil	Tamil
			சேர்க்க அல்லது எதிர்வினை பொருட்களை நீக்க.
Mesopause	The boundary between the mesosphere and the thermosphere.	இடைபடு வான்-வெளிப்புறணி	மத்திய மண்டலம் மற்றும் தெர்மோஸ்பியர் இடையே எல்லை.
Mesosphere	The third major layer of Earth atmosphere that is directly above the stratopause and directly below the mesopause. The upper boundary of the mesosphere is the mesopause, which can be the coldest naturally occurring place on Earth with temperatures as low as −100°C (−146°F or 173 K).	மத்திய மண்டலம்	பூமியின் வளிமண்டலம் மூன்றாவது பெரிய அடுக்கு நேரடியாக வளி-மண்டல எல்லைவெளி மேலே நேரடியாக இடைபடு வான்வெளி-ப்புறணி கீழே என்று மத்திய மண்டலம் மேல் எல்லை −100 டிகிரி செல்சியஸ் (−146 டிகிரி கு அல்லது 173 கே போன்ற குறைந்த வெப்பநிலை பூமியில் குளிரான இயற்கையாக இடத்தில் இருக்க முடியும், இது இடைபடு வான்வெளிப்புறணி உள்ளது.
Metamorphic Rock	Metamorphic rock is rock which has been subjected to tempera-tures greater than 150 to 200°C and pressure greater than 1500 bars, causing pro-found physical and/or chemical change. The original rock may be sedimentary, igneous rock or another, older, metamorphic rock.	உருமாறிய பாறை	உருமாறிய பாறை ஆழமான உடல் மற்றும்/ அல்லது இரசாயன மாற்றம் காரணமாக, 200 டிகிரி சி 150 க்கும் அதிகமாக வெப்பநிலை மற்றும் 1500 பார்கள் விட அதிகமாக அழுத்தத்திற்கு ஆளாகியுள்ளனர் பாறை உள்ளது. அசல் பாறை வண்டல், எரிமலைப் பாறை அல்லது வேறு பழைய உருமாறிப் பாறை இருக்கலாம்.
Metamorphosis	A biological process by which an animal physically develops after birth or hatching, involving a conspicuous and relatively abrupt change in body structure through cell growth and differentiation.	உருமாற்ற	ஒரு உயிரியல் முறையின் மூலம் ஒரு விலங்கு உடல் பிறப்பு அல்லது, அடையை செல் வளர்ச்சி மற்றும் வகைப்படுத்துதல் மூலம் உடல் அமைப்பு ஒரு பகட்டான மற்றும் ஒப்பீட்டளவில் திடீர் மாற்றம் சம்பந்தப்பட்ட பிறகு உருவாகிறது.

English	English	Tamil	Tamil
Microbe	Microscopic single-cell organisms.	நுண்ணுயிர்	நுண்ணிய ஒற்றை செல் உயிரினங்கள்
Microbial	Involving, caused by, or being microbes.	நுண்ணுயிர்	நோய்தொற்றாக காரணமாக இருப்பது நுண்ணுயிரிகள்.
Microorganism	A microscopic living organism, which may be single celled or multicellular.	நுண்ணுயிரி	ஒற்றை அணு அல்லது பல செல் இருக்கலாம் இது ஒரு நுண்ணிய வாழும் உயிரினம்.
Micropollutants	Organic or mineral substances that exhibit toxic, persistent and bioaccumulative prop-erties that may have a negative effect on the environment and/or organisms.	நுண் மாசுகள்	சூழல் மற்றும்/அல்லது உயிரினங்கள் ஒரு எதிர்மறை விளைவை இருக்கலாம் என்று, நச்சு தொடர்ந்து உயிரி பண்புகளை வெளிப்-படுத்துகின்றன என்று ஆர்கானிக் அல்லது தாது பொருட்கள்.
Milliequivalent	One thousandth (10^{-3}) of the equivalent weight of an element, radical, or compound	குறுஞ்சமன் எடை	ஒரு உறுப்பு, தீவிரவாத, அல்லது கூட்டு சமமான எடை ஆயிரத்தில் (10^{-3}).
Mires	A wetland terrain without forest cover dominated by living, peat-forming plants. There are two types of mire–Fens and Bogs.	சோற்று நிலம்	காடுகள் இல்லாமல் ஒரு ஈரநிலம் நிலப்பரப்பு வாழும், கரி உருவா-க்கும் தொழிற்சாலைகள் நிறைந்திருக்கின்றன. தாழ்வான சதுப்புநிலப் பகுதி மற்றும் சதுப்பு-கீழ்மையிலிருந்து இரண்டு வகைகள் உள்ளன.
Molal Concentration	Molality	மோலால் செறிவு	மோலால் செறிவு
Molality	Molality, also called molal concentration, is a measure of the concentration of a solute in a solution in terms of amount of substance in a specified mass of the solvent.	கரைமை எண்	மேலும் கரைமை ஒருமைப்பாடு என்கிறோம், கரைப்பான் ஒரு குறிப்பிட்ட வெகுஜன பொருளின் அளவு அடிப்படையில் ஒரு தீர்வு கலவையின் செறிவை ஒரு நடவடிக்கை.
Molar Concentration	Molarity	மூலக்கூறு அடர்வு	மூலக்கூறு அடர்வு
Molarity	Molarity is a measure of the concentration of a solute in a solution, or	மூலக்கூறு எண்	மூலக்கூறு கொடுக்க-ப்பட்ட தொகுதி பொருள் வெகுஜன அடிப்படையில்,

English	English	Tamil	Tamil
	of any chemical species in terms of the mass of substance in a given volume. A commonly used unit for molar concentration used in chemistry is mol/L. A solution of concentration 1 mol/L is also denoted as 1 molar (1 M).		அல்லது எந்த ரசாயன உயிரினங்களை ஒரு தீர்வு உள்ள கலவையின் செறிவை ஒரு நடவடிக்கை. வேதியியல் பயன்படுத்தப்படும் மோலார் செறிவு ஒரு பொதுவாக பயன்படுத்தப்படும் அலகு மோல்/L ஆகும். செறிவு 1 மோல்/L ஆகும். செறிவு 1 மோல்/L ஒரு தீர்வு 1 கடைவாய்ப்பல் எனக் குறிக்கப்படுகிறது (1 எம்).
Mole (Biology)	Small mammals adapted to a subterranean lifestyle. They have cylindrical bodies, velvety fur, very small, inconspicuous ears and eyes, reduced hindlimbs and short, powerful forelimbs with large paws adapted for digging.	உயிரியல் துறை	சிறிய பாலூட்டிகள் ஒரு பூமிக்கு அடியிலுள்ள வாழ்க்கை தழுவி. அவைகள் உருளை உடல்கள், மிருதுவான மென்மயிர், மிக சிறிய, தெளிவில்லாத காதுகள் மற்றும் கண்கள், குறைக்கப்பட்டது பின்னங்கால் மற்றும் தோண்டி எடுக்கப்பட்டது பெரிய கால்களை கொண்ட குறுகிய, சக்திவாந்த முன்னங்கால் வேண்டும்.
Mole (Chemistry)	The amount of a chemical substance that contains as many atoms, molecules, ions, electrons, or photons, as there are atoms in 12 grams of carbon-12 (^{12}C), the isotope of carbon with a relative atomic mass of 12 by definition. This number is expressed by the Avogadro constant, which has a value of $6.0221412927 \times 10^{23}$ mol^{-1}.	வேதியியல் துறை	கார்பன்-12 (^{12}C) 12 கிராம் உள்ள அணுக்கள் உள்ளன என, பல அணுக்கள், மூலக்கூறுகள், அயனிகள், எலக்ட்ரான்கள், அல்லது ஒளியன்கள் கொண்டுள்ளது என்று ஒரு ரசாயன பொருள் அளவு, வரையறை 12 ஒரு ஒப்பு அணு நிறை கார்பன் ஒரு ஓரிடத்தனிமம். இந்த எண் x 10^{23} மோல் −1 6.0221412927 ஒரு மதிப்பு உள்ளது அவகாட்ரோவின் நிலையான, மூலம் வெளிப்படுத்தப்படுகிறது.

English	English	Tamil	Tamil
Monetization	The conversion of non-monetary factors to a standardized monetary value for purposes of equitable comparison between alternatives.	நாணயமா-க்குதலைக்	சமத்துவமான ஒப்பிடுகையில் நோக்கங்களுக்காக ஒரு தரப்படுத்தப்பட்ட பண மதிப்பு அல்லாத பண காரணிகளின்.
Moraine	A mass of rocks and sediment deposited by a glacier, typically as ridges at its edges or extremity.	மோரைனில்	பாறைகள் மற்றும் வண்டல் ஒரு வெகுஜன பொதுவாக அதன் முனைகளை அல்லது முனையில் முகடுகளில் ஒரு பனிப்பாறை மூலம் படிந்தது.
Morphology	The branch of biology that deals with the form and structure of an organism, or the form and structure of the organism thus defined.	உரபனியல்	வடிவம் மற்றும் ஒரு உயிரினத்தின் அமைப்பு, அல்லது வடிவம் மற்றும் உயிரினத்தின் அமைப்பு மேற்கொள்கின்றன உயிரியல் கிளை.
Mottling	Soil mottling is a blotchy discoloration in a vertical soil profile; it is an indication of oxidation, usually attributed to contact with groundwater, which can indicate the depth to a seasonal high groundwater table.	பொட்டுத் தோற்றம்	மண் பொட்டுத் தோற்றம் ஒரு செங்குத்து மண் சுயவிவரத்தை ஒரு புள்ளிகளுடன் நிறமாற்றம் ஆகும், அது ஒரு பருவகால உயர் நிலத்தடி அட்டவணை ஆழம் குறிக்க முடியும் இது விஷத்தன்மை ஒரு அறிகுறியாகும், பொதுவாக நிலத்தடி தொடர்பு காரணமாக உள்ளது.
MS	A Mass Spectro-photometer	மாஸ் நிறமாலை	ஒரு வெகுஜன நிறமாலை
MtBE	Methyl-tert-Butyl Ether	மெத்தில்-டெர்ட் ப்யூட்டைல் ஈதர்	மெத்தில்-டெர்ட் ப்யூட்டைல் ஈதர்
Multidecadal	A timeline that extends across more than one decade, or 10-year span.	எண்ணிறந்த காலம்	ஒரு காலவரை நீட்டி-க்கப்பட்ட 10 ஆண்டு, இடைவெளி முழுவதும் பரவியுள்ளது என்று ஒரு காலவரிசைக் கொண்டது.
Municipal Solid Waste	Commonly known as trash or garbage in the United States and as refuse or rubbish in Britain, is a waste type consisting of everyday	நகராட்சி திட கழிவு	பொதுவாக அமெரிக்காவில் குப்பை என அழைக்கப்படும் மற்றும் பிரிட்டனில் மறுக்க அல்லது கூளங்களாக, பொது மூலம்

English	English	Tamil	Tamil
	items that are discarded by the public. "Garbage" can also refer specifically to food waste.		அகற்றப்படுகிறது என்று தினமும் பொருட்களை கொண்ட ஒரு கழிவு வகை உள்ளது. குப்பை மேலும் உணவு கழிவு குறிக்க முடியும்.
Nacelle	Aerodynamically-shaped housing that holds the turbine and operating equipment in a wind turbine.	பொறி அறை	காற்றியக்கக் வடிவ ஒரு காற்றாலை விசையாழி விசையாழிகள் மற்றும் இயக்க உபகரணங்கள் வைத்திருக்கும் வீடுகள்.
Nanotube	A nanotube is a cylinder made up of atomic particles and whose diameter is around one to a few billionths of a meter (or nanometers). They can be made from a variety of materials, most commonly, Carbon.	நானோ குழாய்	நானோ குழாய்களின் அணு துகள்கள் வரை ஒரு சிலிண்டர் மற்றும் அதன் விட்டம் சுமார் ஒரு மீட்டர் ஒரு சில பில்லியனாவது (அல்லது நானோமீட்டர்கள்) ஒரு உள்ளது. அவர்கள் பொருட்கள் பல்வேறு, மிகவும் பொதுவாக, கார்பன் இருந்து முடியும்.
NAO (North Atlantic Oscillation)	A weather phenomenon in the North Atlantic Ocean of fluctuations in atmospheric pressure differences at sea level between the Icelandic low and the Azores high that controls the strength and direction of westerly winds and storm tracks across the North Atlantic.	வட அட்லாண்டிக் ஊசலாட்டத்தின்	ஐஸ்லென்டிக் குறைந்த மற்றும் வலிமை மற்றும் மேற்கு காற்று மற்றும் புயலின் திசையை கட்டுப்படுத்துகிறது என்று அசோர்ஸில் உயர் இடையே கடல் மட்டத்தில் வளிமண்டல அழுத்தம் வேறுபாடுகள் ஏற்ற இறக்கங்கள் வட அட்லாண்டிக் பெருங்-கடலில் ஒரு வானிலை தோற்றப்பாடு வட அட்லாண்டிக் முழுவதும் கண்காணிக்கிறது.
Northern Annular Mode	A hemispheric-scale pattern of climate vari-ability in atmospheric flow in the northern hemisphere that is not associated with seasonal cycles.	வடக்கு வலைய முறை	பருவகால சுழற்சிகள் தொடர்புடைய இல்லை என்று வட துருவத்தில் வளிமண்டல ஓட்டத்தில் தட்பவெப்ப நிலை மாறுபாடு ஒரு பிராந்தியப் அளவிலான முறை.
OHM	Oil and Hazardous Materials	பெற்றோலிய மற்றும் அபாயகரமான பொருட்கள்	பெற்றோலிய மற்றும் அபாயகரமான பொருட்கள்

English	English	Tamil	Tamil
Ombrotrophic	Refers generally to plants that obtain most of their water from rainfall.	மழையோம்பல் (உயிரினங்கள்)	மழை நீர் மிக பெற வேண்டும் என்று தாவரங்கள் பொதுவாக குறிக்கிறது.
Order of Magnitude	A multiple of ten. For example, 10 is one order of magnitude greater than 1 and 1000 is three orders of magnitude greater than 1. This also applies to other numbers, such that 50 is one order of magnitude higher than 4, for example.	அளவில் ஒழுங்கு	பத்து ஒரு பல உதாரணமாக, 10, 1 விட 1000 மேலும் இந்த மற்ற எண்கள் பொருந்தும் 1. விட இதைவிட அதிக மூன்று கட்டளைகள், 50 உதாரணமாக ரிக்டர் அளவில் 4 விட அதிக, ஒரு பொருட்டு அத்தகைய என்று ரிக்டர் அளவில் ஒழுங்கு இல்லை.
Oscillation	The repetitive variation, typically in time, of some measure about a central or equilibrium, value or between two or more different chemical or physical states.	அலைவு, ஊசலாடுதல்	மீண்டும் மீண்டும் மாறுபாடு, பொதுவாக நேரத்தில், ஒரு மத்திய அல்லது சமநிலை, மதிப்பு பற்றி அல்லது இரண்டு அல்லது அதற்கு மேற்பட்ட வெவ்வேறு வேதியியல் அல்லது இயற்பியல் மாநிலங்களு- க்கு இடையே சில நடவடிக்கை.
Osmosis	The spontaneous net movement of dissolved molecules through a semi-permeable membrane in the direction that tends to equalize the solute concentrations both sides of the membrane.	சவ்வூடுபரவல்	கரைபொருளின் செறிவு சவ்வு இருபுறமும் சமமாக முனைகிறது என்று திசையில் ஒரு அரை-ஊடுருவத்தக்க மென்படலத்தின் மூலம் கலைக்கப்பட்டது மூலக்கூறுகள் தன்னிச்சையான நிகர இயக்கம்.
Osmotic Pressure	The minimum pressure which needs to be applied to a solution to prevent the inward flow of water across a semi-permeable membrane. It is also defined as the measure of the tendency of a solution to take in water by osmosis.	சவ்வூடுபரவற்குரிய அழுத்தம்	தேவை குறைந்தபட்ச அழுத்தமாக ஒரு பகுதி சவ்வூடு பரவும் மென்படலம் முழுவதும் தண்ணீர் உள்நோக்கி ஓட்டத்தை தடுக்க ஒரு தீர்வு பயன்படுத்- தப்படும். இது சவ்வூடு நீர் எடுத்து ஒரு தீர்வு போக்கிற்கு நடவடிக்கை வரையறுக்கப்படுகிறது.

English	English	Tamil	Tamil
Ozonation	The treatment or combination of a substance or compound with ozone.	ஓசோன் ஏற்றம்	ஓசோன் ஒரு பொருள் அல்லது கூட்டு சிகிச்சை அல்லது கலவை.
Pascal	The SI derived unit of pressure, internal pressure, stress, Young's modulus and ultimate tensile strength; defined as one newton per square meter.	காற்றழுத்த அலகு	S.I அழுத்தம் பெறப்பட்ட அலகு, உள் அழுத்தம், மன அழுத்தம், சிறிய தகைமை மற்றும் இறுதி இழுவிசை வலுவை ஒரு சதுர மீட்டருக்கு ஒரு நியூட்டன் என வரையறுக்கப்படுகிறது.
Pathogen	An organism, usually a bacterium or a virus, which causes, or is capable of causing, disease in humans.	நோய் பரப்பும் கிருமி	மனிதர்களில் ஏற்படுத்துகிறது, அல்லது ஊறு திறன், நோய் ஒரு உயிரினம், வழக்கமாக ஒரு பாக்டீரியம் அல்லது ஒரு வைரஸ்.
PCB	Polychlorinated Biphenyl	பாலிகுளோரினேடட் பைபினைல்	பாலிகுளோரினேடட் பைபினைல்
Peat (Moss)	A brown, soil-like material characteristic of boggy, acid ground, consisting of partly decomposed vegetable matter; widely cut and dried for use in gardening and as fuel.	படர்பாசிக் கூளம்	ஒரு பழுப்பு, சதுப்பு நில அமிலம் தரையில் மண் போன்ற பொருள் பண்பு, பகுதியளவில் அழுகிய காய்கறி விஷயம் அளவுகளைக் கொண்ட பரவலாக வெட்டி தோட்டம் மற்றும் எண்ணெய்யாக பயன்படுத்தி உலர்ந்த.
Peristaltic Pump	A type of positive displacement pump used for pumping a variety of fluids. The fluid is contained within a flexible tube fitted inside a (usually) circular pump casing. A rotor with a number of "rollers," "shoes," "wipers," or "lobes" attached to the external circumference of the rotor compresses the flexible tube sequentially, causing the fluid to flow in one direction.	பெரிஸ்டால்டிக் விசையியக்கக்	நேர்மறை இடமாற்ற விசையியக்கக் குழாயின் ஒரு வகை பல்வேறு வகையான திரவங்களை இறைக்கும் கருவி பயன்படுத்தப்பட்டது. திரவம் (பொதுவாக) வட்ட விசையியக்கக் குழாய் உறைக்கு உட்புறமாக பொருத்தப்பட்டுள்ள நெகிழ்வு குழாயக்குள்ளாக இருக்கிறது. உருளைகள் ஷூக்கள், துடைப்பான்கள் அல்லது நுரையீரலில் பல சுழலி வெளிப்புற வட்டச்சுற்றளவோடு இணைக்கப்பட்டிருக்கிறது ஒரு

English	English	Tamil	Tamil
			சுழலி ஒரு திசையில் திரவம் பாய்வதற்கு இதனால், நெகிழ்வான குழாய் தொடர்ந்து அழுத்துவது.
pH	A measure of the hydrogen ion concentration in water; an indication of the acidity of the water.	அமில-கார நிலை	நீரில் ஹைட்ரஜன் அயனி செறிவு ஒரு நடவடிக்கை நீரில் ஹைட்ரஜன் அயனி செறிவு ஒரு நடவடிக்கை நீர் அமிலத்தன்மை ஒரு அறிகுறியாகும்.
Pharmaceuticals	Compounds manufactured for use in medicines; often persistent in the environment. See: Recalcitrant Wastes.	மருந்துகள்	மருந்துகள் பயன்படுத்த உற்பத்தி சேர்மங்கள் அடிக்கடி சூழலில் தொடர்ந்து பார்க்க கட்டுப்படுத்த முடியாத கழிவுகள்.
Phenocryst	The larger crystals in a porphyritic rock.	வெளித்தோற்ற படிகம்	ஒரு கலவைப்பாறை பெரிய படிகம்
Photofermentation	The process of converting an organic substrate to biohydrogen through fermentation in the presence of light.	புகைப்பட நொதித்தல்	ஒளி முன்னிலையில் நொதித்தல் மூலம் உயிரி நீரகம் ஒரு கரிம மூலக்கூறு மாற்றும் செயல்பாடு.
Photosynthesis	A process used by plants and other organisms to convert light energy, normally from the Sun, into chemical energy that can be used by the organism to drive growth and propagation.	ஒளிச்சேர்க்கை	உயிரினத்தின் சூரியனிடம் இருந்து சாதாரணமாக, ஒளி ஆற்றல் தாவரங்கள் மற்றும் பிற உயிரினங்களால் பயன்படுத்தப்படும் வேதியியல் ஆற்றலாக ஒரு செயல்முறை வளர்ச்சி பரவல்.
pOH	A measure of the hydroxyl ion concentration in water; an indication of the alkalinity of the water.	ஒற்றை இணை-திறனுள்ள ஹைட்ரஜன் மின்னணு	நீரில் ஹைட்ராக்சில் அயன் வதை ஒரு நடவடிக்கை நீர் காரத்தன்மை ஒரு அறிகுறியாகும்.
Polarized Light	Light that is reflected or transmitted through certain media so that all vibrations are restricted to a single plane.	ஒளியின்	ஒளி பரவுதல் பிரதிபலித்து அல்லது அனைத்து அதிர்வுகளை ஒற்றை கட்டுப்படுத்தப்பட்டுள்ளது அல்லது சில ஊடகங்கள் மூலம் பரவுகிறது.

English	English	Tamil	Tamil
Polishing Pond	Maturation Pond	மெருகேற்றல் குட்டை	முதிர்வு குட்டை
Polydentate	Attached to the central atom in a coordination complex by two or more bonds—See: Ligands and Chelates.	பல்வினை (மூலக்கூறு)	இரண்டு அல்லது அதற்கு மேற்பட்ட பத்திரங்கள் மூலம் ஒரு ஒருங்கிணைப்பு வளாகத்தில் மத்திய அணுவுக்கு இணைக்க-ப்பட்ட அணுக்கூறுகளுக்கும் மற்றும் நெருக்கப் பிணைச்சேர்மம்.
Pore Space	The interstitial spaces between grains of soil in a soil mixture or profile.	நுண்துளை விண்வெளி	ஒரு மண் கலவை அல்லது சுயவிவர மண் தானியங்கள் இடையே இடைத்திசு இடைவெளிகள். கொண்டுள்ளது.
Porphyritic Rock	Any igneous rock with large crystals embedded in a finer groundmass of minerals.	கலவைப்பாறை	கனிமங்கள் ஒரு நேர்த்தியான பாறை-த்திரள் பதிக்கப்பட்ட பெரிய படிகங்கள் எந்த அனற்பாறை.
Porphyry	A textural term for an igneous rock consisting of large-grain crystals such as feldspar or quartz dispersed in a fine-grained matrix.	கலவைப்பாறை	இது போன்ற தூளாக்க-ப்பட்ட அணி கலைந்து சிலக்கா கனிமம் அல்லது குவார்ட்சு கனிமம் பெரிய தானிய படிகங்கள் கொண்ட ஒரு அனற்பாறை ஒரு அமைப்பு நயம்.
Protolith	The original, unmet-amorphosed rock from which a specific metamorphic rock is formed. For example, the protolith of marble is limestone, since marble is a meta-morphosed form of limestone.	மிகப்பழங்கற்-காலம்	அசல், உருமாற்றாப் பாறை ஒரு குறிப்பிட்ட உருமாறிப் பாறை உருவாகிறது, அதிலிருந்து பளிங்கு சுண்ணாம்பு உருமாற்றப் பாறை வடிவம் என்பதால் உதாரணமாக, பளிங்கு மிகப்பழங்கற்-காலம் சுண்ணாம்பு உள்ளது.
Protolithic	Characteristic of some-thing related to the very beginning of the Stone Age, such as protolithic stone tools, for example.	கற்காலத்திற்கு, மிக முந்திய காலத்தைச் சார்ந்த	உதாரணமாக, போன்ற கற்காலத்திற்கு, மிக முந்திய காலத்தைச் சார்ந்த கல் கருவிகள் ஸ்டோன் வயது, ஆரம்பத்தில் தொடர்பான ஏதாவது சிறப்பியல்பு.

English	English	Tamil	Tamil
Pupa	The life stage of some insects undergoing transformation. The pupal stage is found only in holometabolous insects, those that undergo a complete metamorphosis, going through four life stages: embryo, larva, pupa and imago.	கூட்டுப்புழு	சில பூச்சிகள் வாழ்க்கை நிலை. கரு, லார்வா, கூட்டு புழு, மற்றும் படத்தை: கூட்டுப்புழு முழு உருமாற்றமுறும் பூச்சிகள், நான்கு படிநிலைகள் கட்டங்களில் நடக்கிறது, ஒரு முழுமையான உருமாற்றத்தைச் சேர்ந்து காணப்படுகிறது.
Pyrolysis	Combustion or rapid oxidation of an organic substance in the absence of free oxygen.	வெப்பச்சிதவு	எரிபொருள் அல்லது இலவச ஆக்சிஜன் இல்லாத ஒரு கரிம பொருள் விரைவான விஷத்தன்மை.
Quantum Mechanics	A fundamental branch of physics concerned with processes involving atoms and photons.	குவாண்டம் மெக்கானிக்ஸ்	அணுக்கள் மற்றும் ஒளியன்கள் என்பது இயற்பியலின் ஒரு கிளை.
Radar	An object-detection system that uses radio waves to determine the range, angle, or velocity of objects.	ரேடார்	எல்லை, கோணம், அல்லது பொருட்களை திசை வேகம் ஆகியவற்றை ரேடியோ அலைகள் பயன்படு-த்தும் ஒரு பொருள் கண்டறிதல் அமைப்பு.
Rate of Return	A profit on an investment, generally comprised of any change in value, including interest, dividends or other cash flows which the investor receives from the investment.	ஈட்டு விகிதம்	ஒரு முதலீட்டு ஒரு இலாப, பொதுவாக வட்டி, ஈவுத்தொகைகள் அல்லது எந்த முதலீட்டாளர் முதலீடு இருந்து பெறும் மற்ற பண பரிமாற்றங்கள் உட்பட மதிப்பு, எந்த மாற்றமும் கொண்டது.
Ratio	A mathematical relationship between two numbers indicating how many times the first number contains the second.	விகிதம்	ஒரு முதலீட்டு ஒரு இலாப, பொதுவாக வட்டி, ஈவுத்தொகைகள் அல்லது எந்த முதலீட்டாளர் முதலீடு இருந்து பெறும் மற்ற பண பரிமாற்றங்கள் உட்பட மதிப்பு, எந்த மாற்றமும் கொண்டது.
Reactant	A substance that takes part in and undergoes change during a chemical reaction.	வினைபடு-பொருள்	பங்கு எடுக்கிறது மற்றும் உள்ளாகிறது என்று பொருள் ஒரு இரசாயன எதிர்வினை.

English	English	Tamil	Tamil
Reactivity	Reactivity generally refers to the chemical reactions of a single substance or the chemical reactions of two or more substances that interact with each other.	வினைத்திறன்	வினைத்திறன் பொதுவாக ஒரு பொருள் இரசாயன எதிர்வினைகள் அல்லது ஒருவருக்கொருவர் தொடர்பு என்று இரண்டு அல்லது அதற்கு மேற்பட்ட பொருட்களில் ரசாயன எதிர்வினை-களை குறிக்கிறது.
Reagent	A substance or mixture for use in chemical analysis or other reactions.	கரணி	இரசாயன பகுப்பாய்வு அல்லது மற்ற எதிர்வினைகள் பயன்படுத்த ஒரு பொருள் அல்லது கலவையை கொண்டது.
Recalcitrant Wastes	Wastes which persist in the environment or are very slow to naturally degrade and which can be very difficult to degrade in wastewater treatment plants.	கட்டுப்படுத்-தமுடியாத கழிவுகள்	சுற்றுசூழலில் நிலைத்-திருக்க இயற்கையா-கவே சிதைக்கும் மிக மெதுவாக இருக்கும் மற்றம் இது கழிவுகள் கழிவுநீர் சுத்திகரிப்பு ஆலைகளில் சிதைக்கும் மிகவும் கடினமாக இருக்கும்.
Redox	A contraction of the name for a chemical reduction-oxidation reaction. A reduction reaction always occurs with an oxidation reac-tion. Redox reactions include all chemical reactions in which atoms have their oxida-tion state changed; in general, redox reactions involve the transfer of electrons between chemical species.	ஏற்ற ஒடுக்க	ஒரு இரசாயன குறை-ப்பு-விஷத்தன்மை எதிர்வினை பெயர் சுருக்கம். குறைப்பு எதிர்வினை எப்போதும் ஒரு ஆக்சிஜனேற்ற எதிர்வினை ஏற்படுகிறது. எற்ற ஒடுக்க வினைகள் அணுக்கள் தன்னுடைய ஆக்ஸைடு நிலை மாறிவிட்டன இதில் அனைத்து ரசாயன எதிர்வினைகளை அடங்கும், பொதுவாக, ரெடாக்சு எதிர்வினைகள் இரசாயன இனங்கள் இடையே எலக்ட்ரான்கள் பரிமாற்ற உள்ளடக்கியது.
Reynold's Number	A dimensionless number indicating the relative turbulence of flow in a fluid. It is proportional to {(inertial force)/ (viscous force)} and	ரெனால்டைப் எண்	ஒரு திரவம் ஓட்டம் தொடர்புடைய கொந்தளிப்பு குறிக்கும் பரிணாமமற்ற எண். அது செய்ய விகிதாசார (நிலைமவிசை)/

English	English	Tamil	Tamil
	is used in momentum, heat, and mass transfer to account for dynamic similarity.		(பிசுபிசுப்புடைய) மற்றும் மாறும் ஒற்றுமை கணக்கிடவும் வேகத்தை, வெப்பம், மற்றும் நிறை பரிமாற்றம் பயன்படுத்தப்படுகிறது.
Salt (Chemistry)	Any chemical compound formed from the reaction of an acid with a base, with all or part of the hydrogen of the acid replaced by a metal or other cation.	உப்பு	எந்த ரசாயன கலவை அனைத்து அல்லது ஒரு உலோக அல்லது மற்ற நேர்மின் அயனி, பதிலாக அமிலம் மற்றும் ஹைட்ரிஜன் ஒரு பகுதியாக ஒரு தளமாக ஒரு அமிலம் எதிர்வினை உருவாகிறது.
Saprophyte	A plant, fungus, or microorganism that lives on dead or decaying organic matter.	சாறுண்ணி	ஒரு ஆலை, பூஞ்சை, அல்லது இறந்த அல்லது சேதமடைந்த உயிர்ம வசிக்கும் நுண்ணுயிரிகள்.
Sedimentary Rock	A type of rock formed by the deposition of material at the Earth surface and within bodies of water through processes of sedimentation.	படிவப்பாறைகள்	ஒரு வகை பாறை பூமியின் மேற்பரப்பில் பொருள் படிவால் மற்றும் படிதல் செயல்முறைகள் மூலம், நீர்நிலைகள் உருவானது.
Sedimentation	The tendency for particles in suspension to settle out of the fluid in which they are entrained and come to rest against a barrier due to the forces of gravity, centrifugal acceleration, or electromagnetism.	வண்டல்	இடைநீக்கம் உள்ள துகள்களை திரவம் வெளியே குடியேற மற்றும் காரணமாக ஈர்ப்பு, மையவிலக்கு முடுக்கம், அல்லது மின்காந்தவியல் சக்திகளுக்கு ஒரு தடையாக எதிராக உள்ளது.
Sequestering Agents	Chelates	சமன்படுத்துலை முகவர்கள்	சமன்படுத்துலை முகவர்கள்
Sequestration	The process of trapping a chemical in the atmosphereor environment and isolating it in a natural or artificial storage area, such as with carbon sequestration to remove the carbon from having a negative effect on the environment.	அகற்றம்	வளிமண்டல சூழலில் ஒரு இரசாயன பிடிப்பதா மற்றும் சுற்றுச் சூழல் பற்றிய ஒரு எதிர்மறை விளைவை கொண்ட கார்பன் நீக்க போன்ற கார்பன் சேகரிப்பு போல, ஒரு இயற்கை அல்லது செயற்கை சேமிப்பு பகுதியில் தனிப்படுத்தும் செயல்பாடாகும்.

English	English	Tamil	Tamil
Sewage	A water-borne waste, in solution or suspension, generally including human excrement and other wastewater components.	கழிநீர், சாக்கடைநீர்	ஒரு நீர் மூலம் பரவும் கழிவுகள், தீர்வு அல்லது சஸ்பென்ஷன், பொதுவாக மனித மலம் மற்றும் பிற கழிவுநீரை சுத்திகரித்து கூறுகள் உள்ளிட்டது.
Sewerage	The physical infra-structure that conveys sewage, such as pipes, manholes, catch basins, etc.	கழிவுநீர்	இது போன்ற குழாய்கள் குழி கலங்களையும், முதலியன கழிவுநீர் தெரிவிக்கும் உடல் உள்கட்டமைப்பு.
Sludge	A solid or semi-solid slurry produced as a by-product of wastewater treatment processes or as a settled suspension obtained from conventional drinking water treatment and numerous other industrial processes.	கசடு	ஒடு திட அல்லது அரை திட குழம்பு கழிவுநீர் சுத்திகரிப்பு செயல்முறைகள் ஒரு பொருள் அல்லது வழக்கமான குடிநீர் சிகிச்சை மற்றும் பல பிற செயல்முறைகள் பெறப்பட்ட ஒரு தீர்வு இடைநீக்கம் தயாரித்தனர்.
Southern Annular Flow	A hemispheric-scale pattern of climate vari-ability in atmospheric flow in the southern hemisphere that is not associated with seasonal cycles.	தெற்கு வலைய பாய்ச்சல்	பருவகால சுழற்சிகள் தொடர்புடைய இல்லை என்று தென் துவத்தில் வளிமண்டல ஓட்டத்தில் தட்பவெப்ப நிலை மாறுபாடு ஒரு பிராந்தியப் அளவிலான முறை.
Specific Gravity	The ratio of the density of a substance to the density of a reference substance; or the ratio of the mass per unit volume of a substance to the mass per unit volume of a reference substance.	குறிப்பிடப்-பட்டுள்ள ஈர்ப்பு	ஒரு குறிப்பு பொருள் அடர்த்தி ஒரு பொருள் அடர்த்தி விகிதம், அல்லது அப்படி ஒரு குறிப்பு பொருளின் ஓரலகு கன அளவில் வெகுஜன பொருளின் ஓரலகு கன அளவில் வெகுஜன விகிதம்.
Specific Weight	The weight per unit volume of a material or substance.	குறிப்பிட்ட எடை	ஒரு பொருள் அல்லது பொருளின் ஓரலகு கன அளவில் எடை
Spectrometer	A laboratory instrument used to measure the concentration of various contaminants in liquids by chemically	அலைமாலை அளவி	ஆய்வகம் கருவியைத் வேதியியல் கேள்வி அசுத்ததத்தின் வண்ண மாற்றுவதன் பின்னர், மாதிரி வழியாக

English	English	Tamil	Tamil
	altering the color of the contaminant in question and then passing a light beam through the sample. The specific test programmed into the instrument reads the intensity and density of the color in the sample as a concentration of that contaminant in the liquid.		ஒளிக்கற்றையை கடந்து மூலம் திரவங்கள் பல்வேறு அசுத்தங்கள் செறிவை அளவிடுவதற்கு பயன்படுத்தப்படுகிறது கருவி செயல்முறை-த்திட்டம் குறிப்பிட்ட சோதனை திரவ என்று அசுத்த்தின் ஒரு செறிவு மாதிரி நிறம் தீவிரம் மற்றும் அடர்த்தி கூறுகிறது.
Spectro-photometer	A Spectrometer	நிறமாலை	ஒரு நிறமாலை
Stoichiometry	The calculation of relative quantities of reactants and products in chemical reactions.	வேதிவினை-க்கூறுகள் விகிதம்	வேதியியல் வினைபடு தொடர்புடைய அளவில் மற்றும் பொருட்கள் கணக்கீடு.
Stratosphere	The second major layer of Earth atmosphere, just above the tropo-sphere, and below the mesosphere.	அடுக்கு வளிமண்டலம்	வெறும் மேற்பகுதி, மற்றும் மத்திய மண்டலம் கீழே பூமி சூழ்நிலையை இரண்ட-ாவது முக்கிய அடுக்கு.
Subcritical flow	Subcritical flow is the special case where the Froude number (dimen-sionless) is less than 1. i.e. The velocity divided by the square root of (gravitational constant multiplied by the depth) =<1 (Compare to Critical Flow and Supercritical Flow).	துணைப்பிற-ழ்நிலை ஓட்டம்	துணைப்பிறழ்நிலை ஓட்டம் புரூடு எண் (பரிமாணமற்றது) குறைவாக 1, அதாவது (ஆழம் பெருக்கி ஈர்ப்பு நிலை) =<1 சதுர ரூட் வகுக்க திசைவேகம் (விமர்சன ஓட்டம் மற்றும் பிறழ் ஓட்டம் ஒப்பிடு) இருக்கும் சந்தர்ப்பத்தில் இருக்கிறது.
Substance Concentration	Molarity	அடர்வு பொருள்	பொருள் செறிவு
Supercritical flow	Supercritical flow is the special case where the Froude number (dimen-sionless) is greater than 1. i.e. The velocity divided by the square root of (gravitational constant multiplied by the depth) =>1 (Compare to Subcritical Flow and Critical Flow).	பிறழ் ஓட்டம்	பிறழ் ஓட்டம் புரூடு எண் (பரிமாணமற்றது) (ஆழம் பெருக்கி ஈர்ப்பு நிலை) சதுர ரூட் வகுக்க 1க்கும் அதிகமாக அதாவது திசைவேகம் =>1 (துணைப்பிறழ்நிலை ஓட்டம் மற்றும் சிக்கலான ஓட்டம் ஒப்பிடு) இருக்கும் சந்தர்ப்பத்தில் இருக்கிறது.

English	English	Tamil	Tamil
Swamp	An area of low-lying land; frequently flooded, and especially one dominated by woody plants.	சதுப்புநிலம், சேறு	தாழ்வான ஒரு நிலப் பரப்பு, அடிக்கடி வெள்ளம், மற்றும் குறிப்பாக ஒரு மர தாவரங்கள் ஆதிக்கம்.
Synthesis	The combination of disconnected parts or elements so as to form a whole; the creation of a new substance by the combination or decomposition of chemical elements, groups, or compounds; or the combining of different concepts into a coherent whole.	இணைப்-பாகத்தின்	துண்டிக்கப்பட்ட பாகங்கள் அல்லது ஒரு முழு அமைக்க எனவே உறுப்புகள் இணைந்த கலவை அல்லது இரசாயன உறுப்புகள், குழுக்கள், அல்லது கலவைகள் சிதைவையும் ஒரு புதிய பொருள் உருவாக்கம், அல்லது ஒரு ஒத்திசைவான முழு பல்வேறு கருத்துக்கள் இணைப்பதை.
Synthesize	To create something by combining different things together or to create something by combining simpler substances through a chemical process.	தொகுப்பாக்குவ-தாக்குவதில்லை	ஒன்றாக பல்வேறு விஷ யங்கள் இணைப்பதன் மூலம் ஒன்று உருவாக்க அல்லது ஒரு இரசாயன செயல்முறை மூலம் எளிமையான பொருட்க-ளிலிருந்து இணைப்பதன் மூலம் ஒன்று உருவாக்க முடியும்.
Tarn	A mountain lake or pool, formed in a cirque excavated by a glacier.	மலையின் மீதுள்ள சிறிய ஏரி	ஒரு மலை ஏரி அல்லது குளம், ஒரு பனிப்பாறை மூலம் தோண்டிய ஒரு பனிஅரி பள்ளம் உருவாக்கப்பட்டது.
Thermo-dynamic Process	The passage of a thermodynamic system from an initial to a final state of thermodynamic equilibrium.	வெப்பவிய-க்கவியல் செயல்-முறையில்	ஒரு முதல் வெப்ப இயக்குவிசை இல்லாத சமநிலை ஒரு இறுதி நிலத்த ஒரு வெப்ப இயக்கவியல் அமை-ப்பின் பத்தியில் ஆகும்.
Thermo-dynamics	The branch of physics concerned with heat and temperature and their relation to energy and work.	தெர்மோடைன-மிக்ஸ்	இயற்பியல் பிரிவு வெப்பம் மற்றும் வெப்பநிலை மற்றும் ஆற்றல் மற்றும் வேலை அவற்றின் தொடர்பு.
Thermo-mechanical Conversion	Relating to or designed for the transformation of heat energy into mechanical work.	வெப்பவிசையியல் மாற்றம்	இயந்திர வெப்பத்தை வேலையாக ஆற்றலின் உருமாற்றம் வடிவமை-க்கப்பட்டுள்ளது.

English	English	Tamil	Tamil
Thermosphere	The layer of Earth atmosphere directly above the mesosphere and directly below the exosphere. Within this layer, ultraviolet radiation causes photoionization and photodissociation of molecules present. The thermosphere begins about 85 kilometers (53 mi) above the Earth.	வெப்ப மண்டலம்	நேரடியாக மத்திய மண்டலம் மேலே நேரடியாக வெளி விண்கோளம் கீழே பூமி வளிமண்டலத்தில் அடுக்கு. இந்த அடுக்கு உள்ள, புற ஊதா கதிர் ஒளி அயனியா-க்கம் மற்றும் தற்பே-ாதைய மூலக்கூறுகள் பிரிதல் ஏற்படுகிறது. வெப்ப மண்டலம் 85 கிலோமீட்டர் 53 மைல் பூமியின் மேலே தொடங்குகிறது.
Tidal	Influenced by the action of ocean tides rising or falling.	டைடல்	கடலில் அலைகளை நடவடிக்கை உயரும் அல்லது வீழ்ச்சி தாக்கம்.
TOC	Total Organic Carbon; a measure of the organic content of contaminants in water.	மொத்த ஆர்கானிக் கார்பன்	மொத்த ஆர்கானிக் கார்பன், நீரில் அசுத்தங்கள் கரிம உள்ளடக்கத்தை ஒரு அளவிடுதல்.
Torque	The tendency of a twisting force to rotate an object about an axis, fulcrum, or pivot.	முறுக்கத் திருப்புமை	ஒரு திருகல் படை போக்கு ஒரு அச்சு, ஆதார, அல்லது மையத்தை பற்றி ஒரு பொருள் சுழற்ற.
Trickling Filter	A type of wastewater treatment system consisting of a fixed bed of rocks, lava, coke, gravel, slag, polyure-thane foam, sphagnum peat moss, ceramic, or plastic media over which sewage or other wastewater is slowly trickled, causing a layer of microbial slime (biofilm) to grow, covering the bed of media, and removing nutrients and harmful bacteria in the process.	சொட்டு வடிகட்டி	பாறைகள், எரிமலை, கோக், சரளை, கசடு, பாலியூரிதீன் நுரை, பாசி வகை கரிபாசி, பீங்கான், அல்லது கழிவுநீர் அல்லது மற்ற கழிவுநீரை சுத்-திகரித்து மெதுவாக சொட்டுவடிகட்டி இது மீது பிளாஸ்டிக் ஊடக ஒரு நிலையான படுக்கையில் கொண்ட கழிவுநீர் சுத்திகரிப்பு அமைப்பு, ஒரு வகை நுண்ணுயிர் கோழை ஒரு அடுக்கு காரணமாக (உயிர்த்திரை), வளர ஊடக படுக்கையில் உள்ளடக்கிய, மற்றும் செயல்முறை

English	English	Tamil	Tamil
			ஊட்டச்சத்து மற்றும் கேடுவிளைவிக்கும் பாக்டீரியாவை நீக்குவது.
Tropopause	The boundary in the atmosphere between the troposphere and the stratosphere.	வெப்பமாக்கக் கடப்புவெளி	அடிவெளி மண்டலத்திலும் அடுக்க மண்டலத்திலும் இடையில் வளிமண்டலத்தில் எல்லைக் கொண்டது.
Troposphere	The lowest portion of atmosphere; containing about 75% of the atmospheric mass and 99% of the water vapor and aerosols. The average depth is about 17 km (11 mi) in the middle latitudes, up to 20 km (12 mi) in the tropics, and about 7 km (4.3 mi) near the polar regions, in winter.	வளிமண்டலத்தில் அடி	வளிமண்டலத்தில் மிக குறைந்த பகுதியை வளிமண்டல வெகுஜன சுமார் 75% மற்றும் நீராவி மற்றும் தூசுப்படலம் 99% கொண்ட. சராசரி ஆழம் மத்திய நில நடுக்கோட்டுப்பற்றி 17 கிமீ (11 மைல்), வெப்ப மண்டலங்களில் 20 கிமீ (12 மைல்), மற்றும் துருவப் பகுதிகளின் அருகே சுமார் 7 கி.மீ. (4.3 மைல்), குளிர்காலத்தில் வரை ஆகிறது.
UHI	Urban Heat Island	நகர்ப்புற வெப்பத் தீவு	நகர்ப்புற வெப்பத் தீவு
UHII	Urban Heat Island Intensity	நகர்ப்புற வெப்பத் தீவு செறிவு	நகர்ப்புற வெப்பத் தீவு செறிவு
Unit Weight	Specific Weight	அடர்த்தி	குறிப்பிட்ட எடை
Urban Heat Island	An urban heat island is a city or metropolitan area that is significantly warmer than its surrounding rural areas, usually due to human activities. The temperature difference is usually larger at night than during the day, and is most apparent when winds are weak.	நகர்ப்புறவெப்பத் தீவு	நகர்ப்புறவெப்பத் தீவு ஒரு நகர்ப்புறவெப்பத் தீவு காரணமாக மனித நடவடிக்கைகள் பொதுவாக, அதன் சுற்றியுள்ள கிராமப்புற கணிசமாக வெப்பமான என்று ஒரு நகரம் அல்லது பெருநகர பகுதியில் ஆகிறது, வெப்பநிலை வேறுபாடு நாள் போது காட்டிலும் இரவில் வழக்கமாக பெரியதாக உள்ளது, மற்றும் காற்று பலவீனமாக இருக்கும் போது மிகவும் வெளிப்படையாக உள்ளது.

English	English	Tamil	Tamil
Urban Heat Island Intensity	The difference between the warmest urban zone and the base rural temperature defines the intensity or magnitude of an Urban Heat Island.	நகர்ப்புறவெப்பத் தீவு அடர்த்தி	வெப்பமான நகர்ப்புற மண்டலம் மற்றும் கிராமப் வெப்பநிலை இடையே உள்ள வேறுபாடு நகர்ப்புற வெப்பத் தீவு தீவிரம் அல்லது அளவு வரையறுக்கிறது.
UV	Ultraviolet Light	புற ஊதா ஒளி	புற ஊதா ஒளி
VAWT	Vertical Axis Wind Turbine	செங்குத்து அச்சு காற்றாலை விசையாழி	செங்குத்து அச்சு காற்றாலை விசையாழி
Vena Contracta	The point in a fluid stream where the diameter of the stream, or the stream cross-section, is the least, and fluid velocity is at its maximum, such as with a stream of fluid exiting a nozzle or other orifice opening.	தாரைக் குறுக்கம்	ஒரு திரவம் ஸ்ட்ரீம் புள்ளி அங்கு ஸ்ட்ரீம்விட்டம், அல்லது ஸ்ட்ரீம் குறுக்குவாட்டில், குறைந்தது, மற்றும் திரவத்தின் திசைவேகம் போன்ற ஒரு முனை அல்லது மற்ற திறப்பு, திறப்பு வெளியேறும் திரவம் ஒரு ஸ்ட்ரீம் என, அதன் அதிக-பட்சமாக உள்ளது.
Vernal Pool	Temporary pools of water that provide habitat for distinctive plants and animals; a distinctive type of wetland usually devoid of fish, which allows for the safe development of natal amphibian and insect species unable to withstand competition or predation by open water fish.	இளவேனில் சிறுகுளம்	தனித்துவமான தாவரங்கள் மற்றும் விலங்குகள் வாழ்விடம் வழங்கும் தண்ணீர் தற்காலிக குளங்கள், திறந்த மீன் போட்டி அல்லது வேட்டையாட-ப்பட்டு ஈடு கொடுக்க முடியாத பிறப்பிற்கு நீர்நில மற்றும் பூச்சி இனங்கள் பாதுகாப்பான வளர்ச்சி அனுமதிக்கிறது ஈரநிலம் ஒரு தனித்துவ-மான வகை மீன்.
Vertebrates	An animal among a large group distin-guished by the posses-sion of a backbone or spinal column, includ-ing mammals, birds, reptiles, amphibians, and fishes. (Compare with invertebrate.)	முதுகெலும்பு-யிரிகள்	பாலூட்டிகள், பறவைகள், ஊர்வன, நிலநீர் வாழ்வன மற்றும் மீன்கள் உட்பட ஒரு பின்புல அல்லது முள்ளந்தண்டு, உடைமை வேறுபடு-த்தி ஒரு பெரிய குழு மத்தியில் ஒரு விலங்கு (முதுகெலும்பற்ற ஒப்பீடு)

English	English	Tamil	Tamil
Vertical Axis Wind Turbine	A type of wind turbine where the main rotor shaft is set transverse to the wind (but not necessarily vertically) while the main components are located at the base of the turbine. This arrangement allows the generator and gearbox to be located close to the ground, facilitating service and repair. VAWTs do not need to be pointed into the wind, which removes the need for wind-sensing and orientation mechanisms.	செங்குத்து அச்சு காற்றாலை விசையாழி	காற்றாலை விசையாழி ஒரு வகை முக்கிய கூறுகள் விசையாழி அடிப்பகுதியில் அமைந்துள்ள போது அங்கு முக்கிய ரோட்டார் தண்டு குறுக்கு காற்று (ஆனால் இது செங்குத்தாக) அமைக்கப்படுகிறது, இந்த ஏற்பாட்டை சேவை மற்றும் சரிசெய்தல் வழிவகுத்து, ஜெனரேட்டர் மற்றும் கியர்பாக்ஸ் தரையில் நெருங்கி அமைந்துள்ள அனுமதிக்கிறது VAWTs காற்று உணரும் மற்றும் சார்ப்பு இயங்கு-முறைகளின் தேவை நீக்குகிறது இது காற்று, ஒரு சுட்டிக்காட்டியாக பயன்படுகிறது.
Vicinal Water	Water which is trapped next to or adhering to soil or biosolid particles.	அண்டை நீர்	நீர் அடுத்த சிக்கி அல்லது மண் அல்லது உயிரிதிடம் துகள்கள் ஒட்டியுள்ளது.
Virus	Any of various submicroscopic agents that infect living organisms, often causing disease, and that consist of a single or double strand of RNA or DNA surrounded by a protein coat. Unable to replicate without a host cell, viruses are often not considered to be living organisms.	நோய் நச்சு நுண்ணுயிரி	வாழ்க்கை என்று பாதிப்பை உயிரினங்கள் அடிக்கடி நோய்காரணமாக, மற்றும் என்று சுயே அல்லது டி.என்.ஏ ஒரு ஒற்றை அல்லது இரட்டைதலை ஒரு புரதம் கோட்சூழப்பட்ட கொண்டிருக்கும் பல்வேறு இணைநுண்ணமை-ப்பை கொண்டதாகவும், குடியேற்ற உயிரணுக்களை இல்லாமல் பெருக்கும் முடியவில்லை, வைரஸ்கள் அடிக்கடி வாழும் உயிரினங்களில் வேண்டும் என்று கருதப்படுவதில்லை.

English	English	Tamil	Tamil
Viscosity	A measure of the resistance of a fluid to gradual deformation by shear stress or tensile stress; analogous to the concept of "thickness" in liquids, such as syrup versus water.	பாகுநிலை	வெட்டு மன அழுத்தம் அல்லது நீளுமை மன அழுத்தம் மூலம் படிப்படியாக சிதைப்பது ஒரு திரவம் எதிர்ப்பு ஒரு நடவடிக்கையாக தண்ணீர் போன்ற எதிராக சிறப்பு திரவங்கள், உள்ள தடிமன் என்ற கருத்தை ஒப்பானதாகும்.
Volcanic Rock	Rock formed from the hardening of molten rock.	எரிமலை பாறை	உருகிய பாறை கடுமையடைந்து இருந்து உருவாகின்றன பாறை.
Volcanic Tuff	A type of rock formed from compacted volcanic ash which varies in grain size from fine sand to coarse gravel.	எரிமலை பாறை	இது ஒரு வகையான பாறை கரடுமுரடான சரளை நுண் மணல் இருந்து தானிய அளவு மாறுபடும் சுருக்கப்பட்டு எரிமலை சாம்பல் இருந்து உருவாகிறது.
Wastewater	Water which has become contaminated and is no longer suitable for its intended purpose.	கழிவு நிர்	சுத்தமான நீரினை அசுத்தமாக்கி அதின் நீர் ஏற்ககூடிய வகையில் இல்லாதது.
Water Cycle	The water cycle describes the continuous movement of water on, above and below the surface of the Earth.	நீர் சுழற்சி	நீர் சுழற்சி பூமியின் மேற்பரப்பில் மேலே, மற்றும் கீழே நீரின் தொடர் இயக்கம் விவரிக்கிறது.
Water Hardness	The sum of the Calcium and Magnesium ions in the water; other metal ions also contribute to hardness but are seldom present in significant concentrations.	நீரின் கடினத்தன்மை	நீரில் கால்சியம் மற்றும் மக்னீசியம் அயனிகளின் தொகை, மற்ற உலோக அயனிகள் கடினத்-தன்மை பங்களிக்க ஆனால் குறிப்பிடத்தக்க செறிவு உள்ள எப்போ-தாவது உள்ளன.
Water Softening	The removal of Calcium and Magnesium ions from water (along with any other significant metal ions present).	நீர் மென்மை-ப்படுத்தல்	நீரில் குறிப்பிடத்தக்க உலோக அயனிகள் சேர்த்து கால்சியம் மற்றும் மக்னீசியம் அயனிகளின் நீக்கம் செய்வது நீர் மென்மைப்படுத்ததல்.

English	English	Tamil	Tamil
Weathering	The oxidation, rusting, or other degradation of a material due to weather effects.	வானிலைச் சிதைவு	பருவநிலை காரணமாக விளைவுகள் வரையிலான ஆக்சைடு, துரப்பிடித்த, அல்லது ஒரு பொருள் மற்ற சிதைவு.
Wind Turbine	A mechanical device designed to capture energy from wind moving past a propeller or vertical blade of some sort, thereby turning a rotor inside a generator to generate electrical energy.	காற்றாலை விசையாழி	காற்று, அதன் மூலம் மின் ஆற்றல் உருவாக்க ஒரு ஜெனரேட்டர் உள்ளே ஒரு சுழலி திருப்பு, ஒரு இறக்கை அல்லது சில வகையான செங்குத்து கத்தி கடந்த நகரும் இருந்து ஆற்றல் கைப்பற்ற வடிவமைக்கப்பட்டுள்ளது ஒரு இயந்திரம்.

CHAPTER 4

TAMIL TO ENGLISH

Tamil	Tamil	English	English
அணு உறிஞ்சுதல்	அணு உறிஞ்சுதல் நிறமாலை மண் மற்றும் திரவங்கள் குறிப்பிட்ட உலோகங்கள் சோதிக்க ஒரு கருவியாக அணு உறிஞ்சுதல் பயன்படுகிறது.	AA	Atomic Absorption Spectrophotometer; an instrument to test for specific metals in soils and liquids.
பாதிப்பை மற்றும் தொந்தரவுசெய்	நோய் உற்பத்தி பண்ண கூடிய நுண்ணுயிரி கிருமி அல்லது வைரஸ்கள், தாக்கு பொன்ற தொந்தரவு செய் போன்ற ஒரு வீட்டில் குழப்புகின்ற சுண்டெலிகள் மற்றும் எலிகள் தற்போதைய அதிக எண்ணில், மற்றும் சுண்டெலிகள் பாதிப்பை வீட்டில் அல்லது எலிகள் தொந்தரவு செய்கின்றப்படுத்தினது.	Infect vs. Infest	To "Infect" means to contaminate with disease-producing organisms, such as germs or viruses. To "Infest" means for something unwanted to be present in large numbers, such as mice infesting a house or rats infesting a neighborhood.
கூட்டுப்புழு	சில பூச்சிகள் வாழ்க்கை நிலை. கரு, லார்வா, கூட்டு புழு, மற்றும் படத்தை: கூட்டுப்புழு முழு உருமாற்றமுறும் பூச்சிகள், நான்கு படிநிலைகள் கட்டங்களில் நடக்கிறது, ஒரு முழுமையான உருமாற்றத்தைச் சேர்ந்து காணப்படுகிறது.	Pupa	The life stage of some insects undergoing transformation. The pupal stage is found only in holometabolous insects, those that undergo a complete metamorphosis, going through four life stages: embryo, larva, pupa and imago.
உயிரி வெகுஜன பயோமாஸ்	வாழும், அல்லது சமீபத்தில் வாழும் பெறப்பட்ட ஆர்கானிக், உயிரினங்கள்.	Biomass	Organic matter derived from living, or recently living, organisms.

Tamil	Tamil	English	English
இயல்வெப்பம்	இயந்திர வேலை மாற்றப்பட்டுள்ளன ஒரு முறை வெப்ப ஆற்றல் கிடைக்காமல் குறிக்கும் ஒரு வெப்ப இயக்கவியல் அளவு, அடிக்கடி அமைப்பு கோளாறு அல்லது சீரற்ற பட்டம் என விளக்கம். வெப்ப ஆற்றலின் இரண்டாம் விதி படி, ஒரு தனிமைப்படுத்தப்பட்ட அமைப்பின் என்ட்ரோபி ஒருபோதும் குறைகிறது.	Entropy	A thermodynamic quantity representing the unavailability of the thermal energy in a system for conversion into mechanical work, often interpreted as the degree of disorder or randomness in the system. According to the second law of thermodynamics, the entropy of an isolated system never decreases.
இடைபடு வான்-வெளிப்புறணி	மத்திய மண்டலம் மற்றும் தெர்மோஸ்பியர் இடையே எல்லை.	Mesopause	The boundary between the mesosphere and the thermosphere.
இளவேனில் சிறுகுளம்	தனித்துவமான தாவரங்கள் மற்றும் விலங்குகள் வாழ்விடம் வழங்கும் தண்ணீர் தற்காலிக குளங்கள், திறந்த மீன் போட்டி அல்லது வேட்டையாட-ப்பட்டு ஈடு கொடுக்க முடியாத பிறப்பிற்கு நீர்நில மற்றும் பூச்சி இனங்கள் பாதுகாப்பான வளர்ச்சி அனுமதிக்கிறது ஈரநிலம் ஒரு தனித்துவ-மான வகை மீன்.	Vernal Pool	Temporary pools of water that provide habitat for distinctive plants and animals; a distinctive type of wetland usually devoid of fish, which allows for the safe development of natal amphibian and insect species unable to withstand competition or predation by open water fish.
இருநிலைத்-தன்மை	ஒரு மூலக்கூறு அல்லது அயனி ஒரு அமில-காரமாக செயல்பட முடியும்.	Amphoterism	When a molecule or ion can react both as an acid and as a base.
உயிர் திரைதல்	தின்ம பொருட்களிளன் கழிவுநீர் ஒரு இடத்தில் படிந்து அதினை குறிப்பிட்ட பாக்டீரியா மற்றும் பாசிகளைக் கொண்டு மூலம் கரிம துகள்கள் கலைந்து திரைதல் உயிர்திரைதல் ஆகும்.	Bioflocculation	The clumping together of fine, dispersed organic particles by the action of specific bacteria and algae, often resulting in faster and more complete settling of organic solids in wastewater.
உயிர் வேதியியல்	வாழும் உயிரினங்களில் ஏற்படும் உயிரியல் ரீதியாக இயக்கப்படும் இரசாயன செயல்கள் தொடர்பாக உயிரினங்கள்.	Biochemical	Related to the biologically driven chemical processes occurring in living organisms.

Tamil	Tamil	English	English
உயிர் வளியற்ற மண்டலம்	உயிரியம் செறிவு மொத்தம் மறைவு, பொதுவாக நீர் தொடர்புடைய. ஒரு உயிர் வளியற்ற மண்டல (அன்க்சிக்) சூழலில் வாழ பாக்டீரியா காற்று புகா இடத்திலும் வாழுகிறது.	Anoxic	A total depletion of the concentration of oxygen, typically associated with water. Distinguished from "anaerobic" which refers to bacteria that live in an anoxic environment.
உயிர்கரி	ஒரு மண் நிரப்பியாக பயன்படுத்தப்படும் கரிக்கட்டை	Biochar	Charcoal used as a soil supplement.
உயிரியல் துறை	சிறிய பாலூட்டிகள் ஒரு பூமிக்கு அடியிலுள்ள வாழ்க்கை தழுவி. அவைகள் உருளை உடல்கள், மிருதுவான மென்மயிர், மிக சிறிய, தெளிவில்லாத காதுகள் மற்றும் கண்கள், குறை-க்கப்பட்டது பின்னங்கால் மற்றும் தோண்டி எடுக்கப்பட்டது பெரிய கால்களை கொண்ட குறுகிய, சக்திவர்ந்த முன்னங்கால் வேண்டும்.	Mole (Biology)	Small mammals adapted to a subterranean lifestyle. They have cylindrical bodies, velvety fur, very small, inconspicuous ears and eyes, reduced hindlimbs and short, powerful forelimbs with large paws adapted for digging.
உடைவு, முறிவு	நீரழுத்த முறிவின் இதில் பாறை, அழுத்தக் திரவ சிதைக்கப்படும் நன்கு தூண்டுதல் நுட்பமாகும்.	Fracking	Hydraulic fracturing is a well-stimulation technique in which rock is fractured by a pressurized liquid.
நகர்ப்புற வெப்பத் தீவு	நகர்ப்புற வெப்பத் தீவு	UHI	Urban Heat Island
நகர்ப்புற வெப்பத் தீவு செறிவு	நகர்ப்புற வெப்பத் தீவு செறிவு	UHII	Urban Heat Island Intensity
நீர், பனிப்படிவு	முட்டையுருவ பனிப்படிவு மற்றும் பள்ளத்தாக்கு வரப்பு முகடு உறைபனி மேலும் உருகு அடியோடு நிலத்தோற்றங்கள்.	Fluvioglacial Landforms	Landforms molded by glacial meltwater, such as drumlins and eskers.
நீரக மண்	நீரக மண் அல்லது நிரந்-தரமாக பருவகாலத்தை காற்றில்லாத நிலைகளில் விளைவாக நீர் மூலம் தெவிட்டுநிலையாகி இது மண் உள்ளது. அது ஓரங்களில் எல்லை குறிக்க பயன்படுகிறது.	Hydric Soil	Hydric soil is soil which is permanently or seasonally saturated by water, resulting in anaerobic conditions. It is used to indicate the boundary of wetlands.

Tamil	Tamil	English	English
நீராற் பகுப்பு	நீராற் பகுப்பு	Hydrofracturing	See: Fracking
நுண் மாசுகள்	சூழல் மற்றும்/அல்லது உயிரினங்கள் ஒரு எதிர்மறை விளைவை இருக்கலாம் என்று, நச்சு தொடர்ந்து உயிரி பண்புகளை வெளிப்படுத்துகின்றன என்று ஆர்கானிக் அல்லது தாது பொருட்கள்.	Micropollutants	Organic or mineral substances that exhibit toxic, persistent and bioaccumulative properties that may have a negative effect on the environment and/or organisms.
நுண்மம்	ஒரு உயிரணு நுண்ணுயிரிகளின் செல்சுவர்கள் உட்பட உள்ளுறுப்புகள் மற்றும் ஒரு ஒழுங்கமைக்கப்பட்ட கரு, உள்ளது இதனுடன் சில வகையானது நோயை ஏற்படுத்தலாம்.	Bacterium(a)	A unicellular micro-organism that has cell walls, but lacks organelles and an organized nucleus, including some that can cause disease.
காற்றுத் தாரை	வேகமாக ஓடும், குறுகிய வளியோட்டங்கள் மேல் வளிமண்டலத்தில் அல்லது அடிவெளிப்ப-குதியைக் காணப்படும். அமெரிக்காவில் முதன்மைத்தாரை நீரோடைகள் வெப்ப மண்டல கடப்புவெளி உயரத்தில் அருகே அமைந்துள்ள கிழக்கு மற்றும் பொதுவாக மேற்கு நோக்கி செல்கின்றன.	Jet Stream	Fast flowing, narrow air currents found in the upper atmosphere or troposphere. The main jet streams in the United States are located near the altitude of the tropopause and flow generally west to east.
கடலடி (சார்)	பல்வேறு “கடலடி” (சார்) உயிரினங்கள் வாழும் ஒரு நீர் உடல் அடியில் வண்டல் மற்றும் மண்.	Benthic	An adjective describing sediments and soils beneath a water body where various “benthic” organisms live.
குளோரினேற்றம்	குளோரின் நீக்குவதை நோக்கங்களுக்காக பொதுவாக, நீர் அல்லது மற்ற பொருட்கள் சேர்த்து செயல்படுகிறது.	Chlorination	The act of adding chlorine to water or other substances, typically for purposes of disinfection.
கழிநீர், சாக்கடைநீர்	ஒரு நீர் மூலம் பரவும் கழிவுகள், தீர்வு அல்லது சஸ்பென்ஷன், பொதுவாக மனித மலம் மற்றும் பிற கழிவுநீரை சுத்திகரித்து கூறுகள் உள்ளிட்டது.	Sewage	A water-borne waste, in solution or suspension, generally including human excrement and other wastewater components.

Tamil	Tamil	English	English
குழிப்பறிக்கும் வகை கால்கள்	ஒரு விலங்கு தொடர்பான குழாய் உட்படிவு நீக்கி, நிர்வாண துன்னெலி, மோல் சிறு கையடக்க அழுத்த மற்றும் ஒத்த உயிரினங்கள் போன்ற தோண்டி எடுத்தல் அதின் வாழ்க்கை நிலத்தடி தழுவி படித்தல்.	Fossorial	Relating to an animal that is adapted to digging and life underground such as the badger, the naked mole-rat, the mole salamanders and similar creatures.
கிடையச்சு காற்றாற்றல் சுழலி	கிடைமட்ட அச்சு காற்றாலை விசையாழி சுழலும் அச்சு தரையில் கிடைமட்ட, அல்லது இணை உள்ளது என்று பொருள். இந்த காற்று பண்ணைகள் பயன்படு-த்தப்படும் காற்றாலை விசையாழி மிகவும் பொதுவான வகை.	Horizontal Axis Wind Turbine	Horizontal axis means the rotating axis of the wind turbine is horizontal, or parallel with the ground. This is the most common type of wind turbine used in wind farms.
புருடு எண்	பரிணாமமற்ற எண் ஒரு ஈர்ப்பு அலை விசைக்கு ஒரு திசைவேகத்தின் விகிதமாக வரையறு-க்கப்படுகிறது. இது ஈர்ப்பு படைகள் ஒரு நிலைமம் விகிதமாக வரையறுக்கப்படுகிறது. பாய்ம இயக்கவியலில், புருடு எண் ஒரு பகுதி மூழ்கடிக்கப்பட்டது பொருள் ஒரு திரவம் மூலம் நகரும் எதிர்ப்பை தீர்மானிக்க பயன்படுத்-தப்படுகிறது.	Froude Number	A dimensionless number defined as the ratio of a characteristic velocity to a gravitational wave velocity. It may also be defined as the ratio of the inertia of a body to gravitational forces. In fluid mechanics, the Froude number is used to determine the resistance of a partially submerged object moving through a fluid.
கற்குவியல்	முட்புதர் மீதும் மலை உச்சிகளில், அருகில் நீர்வழிகள், கடலில் பாறை மீது, அதே போல் தரிசாக பாலை-வனங்கள் மற்றும் பனிப்பிரதேசத்தில் உள்ள கற்குவியல-ாகவும் பொதுவாக, மேட்டு உள்ள பகுதிகளில் பாதை குறிப்பான்கள் பயன்படு-த்தப்படுகிறது உலகின் பல பகுதிகளில் கற்கள் ஒரு மனிதனால் குவியல் பொல அடுக்கி வைக்கப்பட்டுள்ளன.	Cairn	A human-made pile (or stack) of stones typically used as trail markers in many parts of the world, in uplands, on moorland, on mountaintops, near waterways and on sea cliffs, as well as in barren deserts and tundra.

Tamil	Tamil	English	English
குறுஞ்சமன் எடை	ஒரு உறுப்பு, தீவிரவாத, அல்லது கூட்டு சமமான எடை ஆயிரத்தில் (10⁻³).	Milliequivalent	One thousandth (10^{-3}) of the equivalent weight of an element, radical, or compound.
கலவைப்பாறை	கனிமங்கள் ஒரு நேர்த்தியான பாறை-த்திரள் பதிக்கப்பட்ட பெரிய படிகங்கள் எந்த அனற்பாறை.	Porphyritic Rock	Any igneous rock with large crystals embedded in a finergroundmass of minerals.
கலவைப்பாறை	இது போன்ற தூளாக்க-ப்பட்ட அணி கலைந்து சிலக்கா கனிமம் அல்லது குவார்ட்சு கனிமம் பெரிய தானிய படிகங்கள் கொண்ட ஒரு அனற்பாறை ஒரு அமைப்பு நயம்.	Porphyry	A textural term for an igneous rock consisting of large-grain crystals such as feldspar or quartz dispersed in a fine-grained matrix.
கண்மணி வலைப்பொறி	பாறை ஒரு அடுக்கு உள்ள ஒரு வரையறு-க்கப்பட்ட இடத்தை இதில் ஒரு திரவம், பொதுவாக எண்ணெய், குவிக்க முடியும்.	Lens Trap	A defined space within a layer of rock in which a fluid, typically oil, can accumulate.
பனிஅரி பள்ளம்	உறைபனி அரிப்பு ஒரு மலை பகுதியை உருவாக்கப்படுகின்ற அரங்கு போன்ற பள்ளத்-தாக்கில் பனிஅரிபள்ளம் இருக்கிறது.	Cirque	An amphitheater-like valley formed on the side of a mountain by glacial erosion.
படர்பாசிக் கூளம்	ஒரு பழுப்பு, சதுப்பு நில அமிலம் தரையில் மண் போன்ற பொருள் பண்பு, பகுதியளவில் அழுகிய காய்கறி விஷயம் அளவுகளைக் கொண்ட பரவலாக வெட்டி தோட்டம் மற்றும் எண்ணெய்யாக பயன்படுத்தி உலர்ந்த.	Peat (Moss)	A brown, soil-like material characteristic of boggy, acid ground, consisting of partly decomposed vegetable matter; widely cut and dried for use in gardening and as fuel.
பிணைக்கும் பொருள்	இடுக்கி இணைப்பிடி-ப்புள்ளாக்கும் இரசாயன அல்லது கன உலோ-கங்கள் வினைபுரியும் என்று ரசாயன கலவைகள், அவற்றின் இரசாயன கலவை வரிசைப்படுத்தும் மற்றும் பிற உலோகங்கள், சத்துக்கள், அல்லது	Chelating Agents	Chelating agents are chemicals or chemical compounds that react with heavy metals, rear-ranging their chemical composition and improving their likeli-hood of bonding with other metals, nutrients, or substances. When

Tamil	Tamil	English	English
	பொருட்களை பிணைப்பு தங்கள் வாய்ப்பு மேம்படுத்த உள்ளன. இது நிகழும் போது, உள்ளது என்று உலோக ஒரு இடுக்கியுடைய என அறியப்படுகிறது.		this happens, the metal that remains is known as a "chelate."
பிணைப்பாற்றல்	நெருக்கப் பிணைச்-சேர்மம் அமைப்பதன் மூலம் இரசாயன அளவிடுதல் நெருக்கிவிடும் பிணைப்பு.	Chelators	A binding agent that suppresses chemical activity by forming chelates.
பல்வினை (மூலக்கூறு)	இரண்டு அல்லது அதற்கு மேற்பட்ட பத்திரங்கள் மூலம் ஒரு ஒருங்கிணைப்பு வளாகத்தில் மத்திய அணுவுக்கு இணைக்க-ப்பட்ட அணுக்கூறுகளு-க்கும் மற்றும் நெருக்கப் பிணைச்சேர்மம்.	Polydentate	Attached to the central atom in a coordination complex by two or more bonds—See: Ligands and Chelates.
ஹசேன் வில்லியம்ஸ் குணகம்	குழாய் உடல் பண்புகள் மற்றும் உராய்வு ஏற்படும் அழுத்த இழப்பு ஒரு குழாய் நீர் ஓட்டம் தொடர்பானது இது ஒரு அனுபவ உறவு.	Hazen-Williams Coefficient	An empirical relation-ship which relates the flow of water in a pipe with the physical properties of the pipe and the pressure drop caused by friction.
தன்னூட்டம் உயிரி	எளிய கரிம பொருட்கள் இருந்து தனது சொந்த உணவு செயற்கை திறன்கொண்ட ஒரு பொதுவாக நுண்ணுயிர்களாக கொண்டது.	Autotrophic Organism	A typically microscopic plant capable of synthesizing its own food from simple organic substances.
தாரைக் குறுக்கம்	ஒரு திரவம் ஸ்ட்ரீம் புள்ளி அங்கு ஸ்ட்ரீம்விட்டம், அல்லது ஸ்ட்ரீம் குறுக்குவாட்டில், குறைந்தது, மற்றும் திரவத்தின் திசைவேகம் போன்ற ஒரு முனை அல்லது மற்ற திறப்பு, திறப்பு வெளியேறும் திரவம் ஒரு ஸ்ட்ரீம் என, அதன் அதிகபட்சமாக உள்ளது.	Vena Contracta	The point in a fluid stream where the diameter of the stream, or the stream cross-section, is the least, and fluid velocity is at its maximum, such as with a stream of fluid exiting a nozzle or other orifice opening.

Tamil	Tamil	English	English
தாழ்வான் சதுப்புநிலப் பகுதி	ஒரு தாழ்வான சதுப்புநிலப் பகுதி, ஒரு சாய்வு, தட்டை, அழுத்தம் அதின் மழை மற்றும் மேற்பரப்பு நீர் ஆகியவற்றை கீழ் நிலப்பகுதி மற்றும் முழுமையான சுற்றிலும் நீர் மற்றும் மண்மக்கு மற்றும் களர்மண் பரப்பு மிகுந்த நீர்.	Fen	A low-lying land area that is wholly or partly covered with water and usually exhibits peaty alkaline soils. A fen is located on a slope, flat, or depression and gets its water from both rainfall and surface water.
திரைதல்	ஒரு வண்டல் செயல்முறையின் போது உட்புக போதுமான பெரிய துகள்கள் ஒரு நீர் அல்லது கழிவுநீரில் நன்றாக நிறுத்தி துகள்கள் திரைதல்.	Flocculation	The aggregation of fine suspended particles in water or wastewater into particles large enough to settle out during a sedimentation process.
மனிதக்குரங்கு வகை	மனிதர்களில் மனித இனத்தால் உருவாகும் பண்புகளின் மறுப்பு.	Anthropodenial	The denial of anthropogenic characteristics in humans.
மாசுபடுத்து	ஒரு இரசாயன அல்லது கலவை சேர்க்க பொருள் ஒரு வினையுடன் சேர்ந்து தூய்மையான பொருள் கிடைக்கின்றது.	Contaminate	A verb meaning to add a chemical or compound to an otherwise pure substance.
மழையோம்பல் (உயிரினங்கள்)	மழை நீர் மிக பெற வேண்டும் என்று தாவரங்கள் பொதுவாக குறிக்கிறது.	Ombrotrophic	Refers generally to plants that obtain most of their water from rainfall.
முதுகெலும்பு-யிரிகள்	பாலூட்டிகள், பறவைகள், ஊர்வன, நிலநீர் வாழ்வன மற்றும் மீன்கள் உட்பட ஒரு பின்புல அல்லது முள்ளந்தண்டு, உடைமை வேறுபடுத்தி ஒரு பெரிய குழு மத்தியில் ஒரு விலங்கு (முதுகெலும்பற்ற ஒப்பீடு).	Vertebrates	An animal among a large group distinguished by the possession of a backbone or spinal column, including mammals, birds, reptiles, amphibians, and fishes. (Compare with invertebrate.)
முழு உருமாற்றமுறும் பூச்சிகள்	கரு, லார்வா, கூட்டு புழு மற்றும் நான்கு வித படிநிலை கொண்ட கட்டங்களில் நடக்கிறது, ஒரு முழுமையான உருமாற்றத்தைச் கொண்ட பூச்சிகள்.	Holometabolous Insects	Insects that undergo a complete metamorphosis, going through four life stages: embryo, larva, pupa and imago.

Tamil	Tamil	English	English
மிகப்பழங்கற்-காலம்	அசல், உருமாற்றாப் பாறை ஒரு குறிப்பிட்ட உருமாறிப் பாறை உருவாகிறது, அதிலிருந்து பளிங்கு சுண்ணாம்பு உருமாற்றப் பாறை வடிவம் என்பதால் உதாரணமாக, பளிங்கு மிகப்பழங்க-ற்காலம் சுண்ணாம்பு உள்ளது.	Protolith	The original, unmet-amorphosed rock from which a specific metamorphic rock is formed. For example, the protolith of marble is limestone, since marble is a metamorphosed form of limestone.
முறுக்கத் திருப்புமை	ஒரு திருகல் படை போக்கு ஒரு அச்சு, ஆதார, அல்லது மையத்தை பற்றி ஒரு பொருள் சுழற்ற.	Torque	The tendency of a twisting force to rotate an object about an axis, fulcrum, or pivot.
அயனி, மின்பகவு	ஓர் அணு அல்லது மூலக்கூறில் இதில் எலக்ட்ரான்கள் மொத்த எண்ணிக்கை ஒரு நிகர நேர்மறை அல்லது எதிர்-மறை மின் கட்டணம் அணுவின் கொடுத்து அல்லது மூலக்கூறு, புரோட்டான்கள் மொத்த எண்ணிக்கை சமமாக இருக்கும்.	Ion	An atom or a molecule in which the total number of electrons is not equal to the total number of protons, giving the atom or molecule a net positive or negative electrical charge.
அனமோக்ஸ்	அனிரோபிக் அமோனியம் ஆக்சிடேஷன் ஒரு சுருக்கம் நைட்ரஜன் சுழற்சியின் ஒரு முக்கியமான நுண்ணுயிர் செயல்முறை. அனமோக்ஸ் சார்ந்த தொழில்நுட்பம் வணிகக் குறியீடு பெயருடன் அம்மோனியம் அகற்றுதல்.	Anammox	An abbreviation for "Anaerobic Ammonium Oxidation," an import-ant microbial process of the nitrogen cycle; also the trademarked name for an anammox-based ammonium removal technology.
ஆர்டிக் அலைவு முச ஊசலாடுதல்	வடக்கில் 20N அட்சரேகை அல்லாத பருவகால கடல் மட்ட அழுத்தமாக வேறுபா-டுகள் மேலாதிக்க முறை (எந்தவொரு கால இடைவெளி காலப்போ-க்கில் மாறுபடும்) ஒரு குறியீட்டு, எதிர் முரண்பாடுகள் கொண்ட	AO (Arctic Oscillations)	An index (which varies over time with no par-ticular periodicity) of the dominant pattern of non-seasonal sea-level pressure variations north of 20N latitude, char-acterized by pressure anomalies of one sign in the Arctic with the

Tamil	Tamil	English	English
	ஆர்டிக் ஒரு அடையாளம் அழுத்தம் முரண்பாடுகள் வகைப்படுத்தப்படும் பற்றி 37–45N மையம்.		opposite anomalies centered about 37–45N.
அலைவு, ஊசலாடுதல்	எல் நினோ தெற்கு திசை ஊசலாட்டம் வெப்பமண்டல மத்திய மற்றும் கிழக்கு பசிபிக் பெருங்கடல், கடல் பரப்பு வெப்பநிலை மூலம் அளவிடப்படுகிறது, சூடான மற்றும், குளிர்ந்த வெப்பநிலை சுழற்சி குறிக்கிறது.	Oscillation	The repetitive variation, typically in time, of some measure about a central or equilibrium, value or between two or more different chemical or physical states.
அம்மோனியா நீக்கப்படுதல்	இரண்டு வெவ்வேறு உயிரிமக்கள், நைட்ரஜன் வாயு ஒரு நைட்ரைட் வடிவம் இதில் ஏரோபிக் அம்மோனியா ஆக்ஸி ஜனேற்றம் பாக்டீரியா (AOB) நைட்ரி அம்மோனியா பின்னர் சம்பந்தப்பட்ட ஒரு இரண்டு படி உயிரியல் அம்மோனியா அகற்றுதல் செயல்முறை.	Deammonifi-cation	A two-step biological ammonia removal process involving two different biomass populations, in which aerobic ammonia oxi-dizing bacteria (AOB) nitrify ammonia to a nitrite form and then to nitrogen gas.
அமில-கார நிலை	நீரில் ஹைட்ரஜன் அயனி செறிவு ஒரு நடவடிக்கை நீரில் ஹைட்ரஜன் அயனி செறிவு ஒரு நடவடிக்கை நீர் அமிலத்தன்மை ஒரு அறிகுறியாகும்.	pH	A measure of the hydrogen ion concentration in water; an indication of the acidity of the water.
அடர்த்தி	குறிப்பிட்ட எடை	Unit Weight	Specific Weight
அடர்வு பொருள்	பொருள் செறிவு	Substance Concentration	Molarity
அண்டை நீர்	நீர் அடுத்த சிக்கி அல்லது மண் அல்லது உயிரிதிடம் துகள்கள் ஒட்டியுள்ளது.	Vicinal Water	Water which is trapped next to or adhering to soil or biosolid particles.
நோய் நச்சு நுண்ணுயிரி	வாழ்க்கை என்று பாதிப்பை உயிரினங்கள் அடிக்கடி நோய்காரண-மாக, மற்றும் என்று சுயே அல்லது டி.என்.ஏ ஒரு ஒற்றை அல்லது	Virus	Any of various submi-croscopic agents that infect living organisms, often causing disease, and that consist of a single or

Tamil	Tamil	English	English
	இரட்டைதலை ஒரு புரதம் கோட்சூழப்பட்ட கொண்டிருக்கும் பல்வேறு இணைநுண்ணமைப்பை கொண்டதாகவும், குடியேற்ற உயிரணுக்களை இல்லாமல் பெருக்கும் முடியவில்லை, வைரஸ்கள் அடிக்கடி வாழும் உயிரினங்களில் வேண்டும் என்று கருதப்படுவதில்லை.		double strand of RNA or DNA surrounded by a protein coat. Unable to replicate without a host cell, viruses are often not considered to be living organisms.
நேர்மின் அயனி	நேர்மறையாக திறமே-னற்றப்பட்ட அயன்.	Cation	A positively charged ion.
நெருக்கப் பிணைச்சேர்மம்	ஒரு வேற்றணு வளைய சேர்மம் வடிவில் ஒரு ரசாயன கலவை, மூலம் இணைக்கப்பட்ட ஒரு உலோக அயன் கொண்ட குறைந்தது இரண்டு அலோக அயனிகள் கொண்டவகைளை ஒருங்கிணைத்தல்.	Chelants	A chemical compound in the form of a heterocyclic ring, containing a metal ion attached by coordinate bonds to at least two nonmetal ions.
நெருக்கப் பிணைச்சேர்மம்	அணைவியின் (பொதுவாக கரிம) இரண்டு அல்லது அதற்கு மேற்பட்ட புள்ளிகள் ஒரு மைய உலோக அணுவுக்கு பிணைக்கப்பட்ட கொண்ட ஒரு கலவை.	Chelate	A compound containing a ligand (typically organic) bonded to a central metal atom at two or more points.
கொடுக்கு இணைப்பு வினை	ஒரு பல்வினை (பல பிணைக்கப்பட்ட) மூலக்கூறு மற்றும் ஒரு ஒற்றை மத்திய அணுவின் இடையே இரண்டு அல்லது அதற்கு மேற்பட்ட தனி ஒருங்கிணைக்க பத்திரங்கள் உருவாக்கம் அல்லது முன்னிலையில் அடங்கும் என்று அயனிகள் மற்றும் மூலக்கூறுகள் உலோக அயனிகள் செல்லும் பிணைப்பின் ஒரு வகை வழக்கமாக ஒரு கரிம சேர்மம்.	Chelation	A type of bonding of ions and molecules to metal ions that involves the formation or presence of two or more separate coordinate bonds between a polydentate (multiple bonded) ligand and a single central atom; usually an organic compound.

Tamil	Tamil	English	English
பொட்டுத் தோற்றம்	மண் பொட்டுத் தோற்றம் ஒரு செங்குத்து மண் சுயவிவரத்தை ஒரு புள்ளிகளுடன் நிறமாற்றம் ஆகும், அது ஒரு பருவ-கால உயர் நிலத்தடி அட்டவணை ஆழம் குறிக்க முடியும் இது விஷத்தன்மை ஒரு அறி-குறியாகும், பொதுவாக நிலத்தடி தொடர்பு காரணமாக உள்ளது.	Mottling	Soil mottling is a blotchy discoloration in a vertical soil profile; it is an indication of oxidation, usually attributed to contact with groundwater, which can indicate the depth to a seasonal high groundwater table.
பொறி அறை	காற்றியக்கக் வடிவ ஒரு காற்றாலை விசையாழி விசையாழிகள் மற்றும் இயக்க உபகரணங்கள் வைத்திருக்கும் வீடுகள்.	Nacelle	Aerodynamically-shaped housing that holds the turbine and operating equipment in a wind turbine.
பேரிடர்க் கழிவு	ஆபாயகரமான கழிவு பொது சுகாதார அல்லது சூழலில் கணிசமான அல்லது அச்சுறுத்தல் விடுப்பதாக என்று கழிவு உள்ளது.	Hazardous Waste	Hazardous waste is waste that poses substantial or potential threats to public health or the environment.
தொடர்ச்சிச் சமன்பாடு	ஒரு கணித வெளிப்பாடு மாஸ் கோட்பாடு பாதுகாப்பிற்கு உதவியாக இயற்பியல், நீரியல், கணக்கிட, மாற்றங்கள் அமைப்பின் ஒட்டுமொத்த வெகுஜன பாதுகாப்பதற்காக அந்த நிலயில் முதலியன பயன்படுத்தப்படும் ஆய்வு செய்யப்படும்.	Continuity Equation	A mathematical expression of the Conservation of Mass theory; used in physics, hydraulics, etc., to calculate changes in state that conserve the overall mass of the system being studied.
மோலார் எண்	மூலக்கூறு கொடுக்க-ப்பட்ட தொகுதி பொருள் வெகுஜன அடிப்படையில், அல்லது எந்த ரசாயன உயிரினங்களை ஒரு தீர்வு உள்ள கலவையின் செறிவை ஒரு நடவடிக்கை. வேதியியல் பயன்படு-த்தப்படும் மோலார் செறிவு ஒரு பொதுவாக பயன்படுத்தப்படும் அலகு மோல்/L ஆகும். செறிவு 1 மோல்/L ஆகும். செறிவு 1	Molarity	Molarity is a measure of the concentration of a solute in a solution, or of any chemical species in terms of the mass of substance in a given volume. A commonly used unit for molar concentration used in chemistry is mol/L. A solution of concentration 1 mol/L is also denoted as 1 molar (1 M).

Tamil	Tamil	English	English
	மோல்/லி ஒரு தீர்வு 1 கடைவாய்ப்பல் எனக் குறிக்கப்படுகிறது (1 எம்).		
மூலக்கூறு அடர்வு	மூலக்கூறு அடர்வு	Molar Concentration	Molarity
மோலால் செறிவு	மோலால் செறிவு	Molal Concentration	Molality
மோலால் எண்	மேலும் கரைமை ஒருமைப்பாடு என்கிறோம், கரைப்பான் ஒரு குறி-ப்பிட்ட வெகுஜன பொருளின் அளவு அடிப்படையில் ஒரு தீர்வு கலவையின் செறிவை ஒரு நடவடிக்கை.	Molality	Molality, also called molal concentration, is a measure of the concentration of a solute in a solution in terms of amount of substance in a specified mass of the solvent.
மெருகேற்றல் குட்டை	முதிர்வு குட்டை	Polishing Pond	Maturation Pond
சொட்டு வடிகட்டி	பாறைகள், எரிமலை, கோக், சரளை, கசடு, பாலியூரிதீன் நுரை, பாசி வகை கரிபாசி, பீங்கான், அல்லது கழிவுநீர் அல்லது மற்ற கழிவுநீரை சுத்திகரித்து மெதுவாக சொட்டுவடிகட்டி இது மீது பிளாஸ்டிக் ஊடக ஒரு நிலையான படுக்கையில் கொண்ட கழிவுநீர் சுத்திகரிப்பு அமைப்பு, ஒரு வகை நுண்ணுயிர் கோழை ஒரு அடுக்கு காரணமாக (உயிர்த்திரை), வளர ஊடக படுக்கையில் உள்ளடக்கிய, மற்றும் செயல்முறை ஊட்டச்சத்து மற்றும் கேடுவிளைவிக்கும் பாக்டீரியாவை நீக்குவது.	Trickling Filter	A type of wastewa-ter treatment system consisting of a fixed bed of rocks, lava, coke, gravel, slag, polyure-thane foam, sphagnum peat moss, ceramic, or plastic media over which sewage or other wastewater is slowly trickled, causing a layer of microbial slime (biofilm) to grow, covering the bed of media, and removing nutrients and harmful bacteria in the process.
சோற்று நிலம்	காடுகள் இல்லாமல் ஒரு ஈரநிலம் நிலப்பரப்பு வாழும், கரி உருவா-க்கும் தொழிற்சாலைகள் நிறைந்திருக்கின்றன. தாழ்வான சதுப்புநிலப் பகுதி மற்றும் சதுப்பு–கீழ்மையிலிருந்து இரண்டு வகைகள் உள்ளன.	Mires	A wetland terrain without forest cover dominated by living, peat-forming plants. There are two types of mire–Fens and Bogs.

Tamil	Tamil	English	English
வெப்பமாக்கக் கடப்புவெளி	அடிவெளி மண்டலத்-திலும் அடுக்க மண்டல-த்திலும் இடையில் வளிமண்டலத்தில் எல்லைக் கொண்டது.	Tropopause	The boundary in the atmosphere between the troposphere and the stratosphere.
வெப்ப விசையியல் மாற்றம்	இயந்திர வெப்பத்தை வேலையாக ஆற்றலின் உருமாற்றம் வடிவமை-க்கப்பட்டுள்ளது.	Thermo-mechanical Conversion	Relating to or designed for the transformation of heat energy into mechanical work.
வேதி உயிரியம் கோரிக்கை	வேதி உயிரியம் கோரிக்கை நீரில் இரசாயன அசுத்தங்கள் வலிமை ஒரு அளவிடுதல்.	COD	Chemical Oxygen Demand; a measure of the strength of chemical contaminants in water.
வேதியியல் துறை	கார்பன்-12 (^{12}C) 12 கிராம் உள்ள அணுக்கள் உள்ளன என, பல அணுக்கள், மூலக்கூறுகள், அயனிகள், எலக்ட்ரா-ன்கள், அல்லது ஒளியன்கள் கொண்டுள்ளது என்று ஒரு ரசாயன பொருள் அளவு, வரையறை 12 ஒரு ஒப்பு அணு நிறை கார்பன் ஒரு ஓரிடத்தனிமம். இந்த எண் × 10^{23} மோல் −1 6.0221412927 ஒரு மதிப்பு உள்ளது அவகாட்ரோவின் நிலையான, மூலம் வெளிப்படுத்தப்படுகிறது.	Mole (Chemistry)	The amount of a chemical substance that contains as many atoms, molecules, ions, electrons, or photons, as there are atoms in 12 grams of carbon-12 (^{12}C), the isotope of carbon with a relative atomic mass of 12 by definition. This number is expressed by the Avogadro constant, which has a value of $6.0221412927 \times 10^{23}$ mol^{-1}.
வேதிவினை-க்கூறுகள் விகிதம்	வேதியியல் வினைபடு தொடர்புடைய அளவில் மற்றும் பொருட்கள் கணக்கீடு.	Stoichiometry	The calculation of relative quantities of reactants and products in chemical reactions.
வெளிப்பரவல்	உமிழ்வு அல்லது ஒரு திரவம், ஒளி, அல்லது வாசைன ஏதாவது நிறுத்து கொடுத்து, வழக்கமாக ஒரு கசிவு அல்லது ஒரு பெரிய தொகுதி ஒரு சிறிய வெளியேற்ற உறவினர் தொடர்புடைய வெளிப்பரவல்.	Effusion	The emission or giving off of something such as a liquid, light, or smell, usually associated with a leak or a small discharge relative to a large volume.

Tamil	Tamil	English	English
வெளித்தோற்ற படிகம்	ஒரு கலவைப்பாறை பெரிய படிகம்	Phenocryst	The larger crystals in a porphyritic rock.
சதுப்புநிலம்	ஒரு ஈரநிலம் மருந்திற்கு பயன்படும் குட்டை செடி ஆதிக்கம், மாறாக மரவிட, தாவர இனங்கள், பெரும்பாலும் அவர்கள் நீர்வாழ் மற்றும் நிலவுலக அமைப்புக்கள் இடையே ஒரு மாற்றம் அமைக்க அங்கு ஏரிகள் மற்றும் நீரோடைகள், விளிம்புகள் காணப்படும். அவர்கள் பெரும்பாலும் புற்கள், முண்டியடிக்கும் அல்லது நாணல் மேலாதிக்கத்-தில் உள்ளன. தற்போது ஊட்டி செடிகள் குறைந்த வளரும் புதர்கள் இருக்கும். இந்த தாவர போன்ற சதுப்பு நிலம் ஈரநிலம் மற்ற வகையான, மற்றும் அசைநள இருந்து சதுப்பு வேறுபடுத்துகிறது.	Marsh	A wetland dominated by herbaceous, rather than woody, plant species; often found at the edges of lakes and streams, where they form a transition between the aquatic and terrestrial ecosystems. They are often dominated by grasses, rushes or reeds. Woody plants present tend to be low-growing shrubs. This vegetation is what differentiates marshes from other types of wetland such as Swamps, and Mires.
சதுப்புநிலம், சேறு	தாழ்வான ஒரு நிலப் பரப்பு, அடிக்கடி வெள்ளம், மற்றும் குறிப்பாக ஒரு மர தாவரங்கள் ஆதிக்கம்.	Swamp	An area of low-lying land; frequently flooded, and especially one dominated by woody plants.
சிறு பள்ளம்	ஒரு மலையில் ஒரு சிறிய பள்ளத்தாக்கு அல்லது பனி அரி பள்ளம்.	Cwm	A small valley or cirque on a mountain.
வானிலைச் சிதைவு	பருவநிலை காரணமாக விளைவுகள் வரையிலான ஆக்ஸை டு, துரப்பிடித்த, அல்லது ஒரு பொருள் மற்ற சிதைவு.	Weathering	The oxidation, rusting, or other degradation of a material due to weather effects.
வளிம நிறப்பிரிகை வரைவு-பொருண்மை அலைமாலை அளவி	வளிம நிறப்பிரிகை வரைவு இணைந்து பொருண்மை அலைமாலை அளவி.	GC-MS	A GC coupled with an MS.

Tamil	Tamil	English	English
வரப்பு முகடு	சில நேரங்களில் கற்பாறைகள் ஒரு நீண்ட, குறுகிய மணல் மற்றும் கற்கள் ரிட்ஜ், கீழே இருந்து அல்லது ஒரு தேக்க, உருகும் பனிப்பாறைகள் உள்ள நீர் உருகும் ஒரு ஸ்ட்ரீம் மூலம் உருவாகிறது.	Esker	A long, narrow ridge of sand and gravel, sometimes with boulders, formed by a stream of water melting from beneath or within a stagnant, melting, glacier.
வண்ணத்துப் பூச்சிகளின் கூட்டுப்புழு	வண்ணத்துப்பூச்சிக-ளின் கூட்டுப்புழுவை சுற்றியுள்ள ஒரு கடின-மான உறை உள்ளது கூட்டுப்புழு புழுக்கூட்டை அபிவிருத்தி செய்ய பட்டாம்பூச்சிகள் வருகின்றது.	Chrysalis	The chrysalis is a hard casing surrounding the pupa as insects such as butterflies develop.
எதிர்அயனி (எதிர் மின்னணு)	ஒரு எதிர்மறையாக விதிக்கப்படும் அயனி.	Anion	A negatively charged ion.
எல் நினோ	எல் நினோ தெற்கு திசை ஊசலாட்டம் சூடான கட்ட, தென் அமெரிக்கா பசிபிக் கடலில் உட்பட, மத்திய மற்றும் கிழக்கு-மத்திய பூமத்திய பசிபிக் உருவாகிறது என்று சூடான கடல் நீர் ஒரு இசைக்குழு தொட-ர்புடைய எல்-நினோ கிழக்கு பசிபிக்கில் மேற்கு பசிபிக் குறைந்த காற்று அழுத்தம் உள்ள உயர் காற்று அழுத்தம் சேர்ந்து உள்ளது.	El Niño	The warm phase of the El Niño Southern Oscillation, associated with a band of warm ocean water that devel-ops in the central and east-central equatorial Pacific, including off the Pacific coast of South America. El Niño is accompanied by high air pressure in the western Pacific and low air pressure in the eastern Pacific.
எல் நினோ	எல் நினோ தெற்கு திசை ஊசலாட்டம் குளிர் கட்ட கிழக்கு உயர் மற்றும் மேற்கு பசிபிக்கில் குறைந்த சராசரி மற்றும் விமான அழுத்தங்களை கீழே கிழக்கு பசிபிக் கடல் மேற்பரப்பு வெப்பநிலை தொடர்புடைய.	El Niña	The cool phase of El Niño Southern Oscilla-tion associated with sea surface temperatures in the eastern Pacific below average and air pressures high in the eastern and low in western Pacific.
எண்ணிறந்த காலம்	ஒரு காலவரை நீட்டி-க்கப்பட்ட 10 ஆண்டு, இடைவெளி முழுவதும் பரவியுள்ளது என்று ஒரு காலவரிசைக் கொண்டது.	Multidecadal	A timeline that extends across more than one decade, or 10-year, span.

Tamil	Tamil	English	English
ஓசோன் ஏற்றம்	ஓசோன் ஒரு பொருள் அல்லது கூட்டு சிகிச்சை அல்லது கலவை.	Ozonation	The treatment or combination of a substance or compound with ozone.
ஒளியால் வீச்சும் திசையும் காணி (ஒளிவீதிணி)	ஒளியால் வீச்சும் திசையும் காணி (ஒளிவீதிணி) லேசர் ஒரு இலக்கு ஒளியுடைய மற்றும் பிரதிபலித்தது ஒளி பகுப்பாய்வு மூலம் தூரம் அளவிடும் ஒரு தொலை உணர்வு தொழில்நுட்பம் ஆகும்.	Lidar	Lidar (also written *LIDAR*, *LiDAR* or *LADAR*) is a remote sensing technology that measures distance by illuminating a target with a laser and analyzing the reflected light.
ஒற்றை இணைதி-றனுள்ள ஹைட்ரஜன் மின்னணு	நீரில் ஹைட்ராக்சில் அயன் வதை ஒரு நடவடிக்கை நீர் காரத்தன்மை ஒரு அறிகுறியாகும்.	pOH	A measure of the hydroxyl ion concentration in water; an indication of the alkalinity of the water.
அகற்றம்	வளிமண்டல சூழலில் ஒரு இரசாயன பிடிப்பதா மற்றும் சுற்றுச் சூழல் பற்றிய ஒரு எதிர்மறை விளைவை கொண்ட கார்பன் நீக்க போன்ற கார்பன் சேகரிப்பு போல, ஒரு இயற்கை அல்லது செயற்கை சேமிப்பு பகுதியில் தனிப்படுத்தும் செயல்பாடாகும்.	Sequestration	The process of trapping a chemical in the atmosphere or environment and isolating it in a natural or artificial storage area, such as with carbon sequestration to remove the carbon from having a negative effect on the environment.
அடைப்பட்டு பாய்ச்சல்	அடைப்பட்டு ஓட்டம் என்பது பாய்வின் அது பின்னர் ஒரு வால்வு அல்லது கட்டுப்பாடு முன் இருந்து அழுத்தம் ஒரு மாற்றம் உயர்த்த முடியாது என்று ஓட்டம் உள்ளது. கட்டுப்பாடு கீழே பாய்ச்சல் கட்டுப்பாடு மேலே பாயும் சிக்கல் என்று அழைக்கப்படுகிறது, துணை-நுண்ணாய்-வுடைய என்று அழைக்கப்படுகிறது.	Choked Flow	Choked flow is that flow at which the flow cannot be increased by a change in Pressure from before a valve or restriction to after it. Flow below the restriction is called Subcritical Flow, flow above the restriction is called Critical Flow.
அட்லாண்டிக் பல பத்தாண்டு வளர்ச்சி விகீத ஊசலாட்டம்	ஒரு பெருங்கடல் என்று கருதப்படும் ஒரு நீரோட்டத்தின் பல்வேறுப்பட்ட முறைக-ளில் மற்றும் பல்வேறு பல பத்தாண்டு வளர்ச்சி	AMO (Atlantic Multidecadal Oscillation)	An ocean current that is thought to affect the sea surface temperature of the North Atlantic Ocean based on different modes and on

Tamil	Tamil	English	English
	விகீத நேர அளவுகளின் அடிப்படையில் வட அட்லாண்டிக் பெருங்கடல், கடல் பரப்பு வெப்பநிலை பாதிக்கின்றது.		different multidecadal timescales.
அழகியல்	அழகியல் என்பது அழகின் தன்மையை ஆராய்வதும், கலைப்படைப்புகளில் அழகை இனம் கண்டு இரசிப்பதும், சுவை-யுடன் படைப்புகளைப் படைப்பதும் பற்றிய இயலாகும்.	Aesthetics	The study of beauty and taste, and the interpreta-tion of works of art and art movements.
அழுக்கு	ஒரு பொருள் கலந்த அல்லது மற்றபடி தூ ய்மையான பொருள் இணைக்கப்பட்டன, அதாவது ஒரு பெயர்ச்சொல் கால வழக்கமாக தரம் அல்லது சுத்தமான பொருளின் பண்புகள் மீது அசுத்தம் இருந்து ஒரு எதிர்மறை தாக்கத்தை குறிக்கிறது.	Contaminant	A noun meaning a substance mixed with or incorporated into an otherwise pure substance; the term usually implies a negative impact from the contaminant on the quality or characteristics of the pure substance.
அளவில் ஒழுங்கு	பத்து ஒரு பல உதாரண-மாக, 10, 1 விட 1000 மேலும் இந்த மற்ற எண்கள் பொருந்தும் 1. விட இதைவிட அதிக மூன்று கட்டளைகள், 50 உதாரணமாக ரிக்டர் அளவில் 4 விட அதிக, ஒரு பொருட்டு அத்-தகைய என்று ரிக்டர் அளவில் ஒழுங்கு இல்லை.	Order of Magnitude	A multiple of ten. For example, 10 is one order of magnitude greater than 1 and 1000 is three orders of magnitude greater than 1. This also applies to other numbers, such that 50 is one order of magnitude higher than 4, for example.
அளவு மற்றும் செறிவு	ஒரு தொகை ஏதாவது ஒரு வெகுஜன ஒரு அடர்த்தியில் சோடியம் 5மி.கி. உள்ளது. ஒரு செறிவு பொதுவாக தண்ணீர் போன்ற கலவையின், ஒரு தொகுதி வெகுஜன தொடர்புடையது	Amount vs. Concentration	An amount is a measure of a mass of something, such as 5 mg of sodium. A concentration relates the mass to a volume, typically of a solute, such as water; for exam-ple: mg/L of Sodium per liter of water, or mg/L.

Tamil	Tamil	English	English
	உதாரணமாக மி.கி/லிட்டர் தண்ணீரில் சோடியம் per liter ஆகவும் தண்ணீர் மி.கி/லிட்டர்ாகவும் உள்ளது.		
அளவு செறிவு	கரைமை அல்லது மோலார் எண்.	Amount Concentration	Molarity
மனித இனச் சூழல்	மனித நடவடிக்கையின் மூலம் ஏற்படும்.	Anthropogenic	Caused by human activity.
ஆழ்நிலநீர்	ஒரு அலகுவின் பாறை ஒரு அடுக்குகளற்ற நெகிழ் மண் படிந்த பாறையின் நெகிழ்வில் உள்ள வைப்பு நீர்.	Aquifer	A unit of rock or an unconsolidated soil deposit that can yield a usable quantity of water.
இடையகப்படுத்துகிறது	ஒரு வீரியம் குறைந்த அமிலம் ஒரு கலவை மற்றும் அதன் இணைப்புமூலம், அல்லது ஒரு வீரியம் குறைந்த தளத்தையும் அதன் இணை அமிலம் கொண்ட நீர்சார்ந்த தீர்வு கார வலுவான அமிலம் அல்லது அடிப்படை ஒரு சிறிய அல்லது மிதமான அளவு அது சேர்க்கப்படும் போது மிக சிறிய மாற்றங்கள் மற்றும் இதனால் அது ஒரு தீர்வு கார மாற்றங்கள் தடுக்க பயன்படுத்தப்படுகிறது. இடையக தீர்வுகள் இரசாயன பயன்பாடுகள் பல்வேறு ஒரு கிட்டத்தட்ட மாறா மதிப்பு கார வைத்து ஒரு வழிமுறையாக பயன்படுத்தப்படுகிறது.	Buffering	An aqueous solution consisting of a mixture of a weak acid and its conjugate base, or a weak base and its conjugate acid. The pH of the solution changes very little when a small or moderate amount of strong acid or base is added to it and thus it is used to prevent changes in the pH of a solution. Buffer solutions are used as a means of keeping pH at a nearly constant value in a wide variety of chemical applications.
இடைவேளை நேரம் குளோரின் கலப்பதால்	குளோரீனீர் தொற்று இரசாயன வகைகளை கடக்க ஒரு தண்ணீர் கடத்தி தேவை குளோரின் குறைந்தபட்ச செறிவு தீர்மானிப்பதற்கான ஒரு முறை.	Breakpoint Chlorination	A method for determining the minimum concentration of chlorine needed in a water supply to overcome chemical demands so that additional chlorine will be available for disinfection of the water.

Tamil	Tamil	English	English
இணை அமிலம்	ஒரு தளம் மூலம் ஒரு புரோட்டான் ஏற்பீசைவு கொண்ட இணையாக்கம் சாராம்சத்தில் ஒரு ஹைட்ரஜன் ஒரு தளமாக அது சேர்க்கப்படும் அயன்.	Conjugate Acid	A species formed by the reception of a proton by a base; in essence, a base with a hydrogen ion added to it.
இணைப்-பாகத்தின்	துண்டிக்கப்பட்ட பாகங்கள் அல்லது ஒரு முழு அமைக்க எனவே உறுப்புகள் இணைந்த கலவை அல்லது இரசாயன உறுப்புகள், குழுக்கள், அல்லது கலவைகள் சிதைவையும் ஒரு புதிய பொருள் உருவாக்கம், அல்லது ஒரு ஒத்திசைவான முழு பல்வேறு கருத்துக்கள் இணைப்பதை.	Synthesis	The combination of disconnected parts or elements so as to form a whole; the creation of a new substance by the combination or decomposition of chemical elements, groups, or compounds; or the combining of different concepts into a coherent whole.
இணைப்புமூலம்	ஒரு அமில கழித்தல் ஹைட்ரஜன் அயனி. ஒரு அமிலத்திலிருந்து ஒரு புரோட்டான் நீக்கம் செய்து அது இணையா-க்கம் செய்யப்படும்.	Conjugate Base	A species formed by the removal of a proton from an acid; in essence, an acid minus a hydrogen ion.
இரசாயனத் ஆக்ஸைடு	ஒரு இரசாயன எதிர்வினை போது ஒரு மூலக்கூறு, அணு அல்லது அயன் மூலம் எலக்ட்ரான்கள் இழப்பு.	Chemical Oxidation	The loss of electrons by a molecule, atom or ion during a chemical reaction.
இரசாயனத் குறைப்பு	ஒரு இரசாயன எதிர்வினை போது ஒரு மூலக்கூறு, அணு அல்லது அயன் மூலம் எலக்ட்ரான்கள் ஆதாயம்.	Chemical Reduction	The gain of electrons by a molecule, atom or ion during a chemical reaction.
இரத்தக்கட்டு	நீர் அல்லது கழிவுநீர் சுத்திகரிப்பு போது நன்றாக நிறுத்தி துகள்கள் கலைக்க-ப்படும் திடப்பொருள்.	Coagulation	The coming together of dissolved solids into fine suspended particles during water or waste-water treatment.
இருண்ட நொதித்தல்	ஒளி இல்லாத நிலையில் நொதித்தல் மூலம் உயிரி நீரியம் ஒரு கரிம மூலக்கூறு மாற்றும் செயல்பாடு.	Dark Fermentation	The process of convert-ing an organic substrate to biohydrogen through fermentation in the absence of light.
ஈட்டு விகிதம்	ஒரு முதலீட்டு ஒரு இலாப, பொதுவாக வட்டி, ஈவுத்தொகைகள்	Rate of Return	A profit on an invest-ment, generally com-prised of any change in

Tamil	Tamil	English	English
	அல்லது எந்த முதலீட்டாளர் முதலீடு இருந்து பெறும் மற்ற பண பரிமாற்றங்கள் உட்பட மதிப்பு, எந்த மாற்றமும் கொண்டது.		value, including interest, dividends or other cash flows which the investor receives from the investment.
ஈதல் பிணைப்பு	ஒரு ஒருங்கிணைந்த சகப் வேதிய பிணைப்பு இரண்டு அணுக்களை உற்பத்தி செய்கின்றது அவற்றில் ஒன்று ஒரு அணு எலக்ட்ரான்களை பகிரும் போது மற்றொரு அணுவுடன் பகிருதல் செய்யும்போது அந்த அணு எலக்ட்ரான்களை இழக்கின்றது இதற்கு ஆய சகப்பிணைப்பு எனப்படும்.	Coordinate Bond	A covalent chemical bond between two atoms that is produced when one atom shares a pair of electrons with another atom lacking such a pair. Also called a *coordinate covalent bond.*
டைஅக்சேன்	ஒரு பல்லினவட்டமான சேர்மத்தை, ஒரு மயக்கம் இனிப்பு மணம் கொண்ட ஒரு நிறமற்ற திரவம்.	Dioxane	A heterocyclic organic compound; a colorless liquid with a faint sweet odor.
உடலில் மருந்து மாற்றம்	கழிவுநீர் சுத்திகரிப்பு செயல்முறையில் சத்துக்கள், அமினோ அமிலங்கள், நச்சுகள், மற்றும் மருந்துகள் கலவைகள் உயிரியல் ரீதியாக இயக்கப்படும் இரசாயன மாற்றம் செய்யப்படுகின்றது.	Biotrans-formation	The biologically driven chemical alteration of compounds such as nutrients, amino acids, toxins, and drugs in a wastewater treatment process.
உப்பு	எந்த ரசாயன கலவை அனைத்து அல்லது ஒரு உலோக அல்லது மற்ற நேர்மின் அயனி, பதிலாக அமிலம் மற்றும் ஹைட்ரிஜன் ஒரு பகுதியாக ஒரு தளமாக ஒரு அமிலம் எதிர்வினை உருவாகிறது.	Salt (Chemistry)	Any chemical compound formed from the reaction of an acid with a base, with all or part of the hydrogen of the acid replaced by a metal or other cation.
உயிரி உலை	இதில், வழக்கமாக தண்ணீர் அலலது கழிவுநீர் சுத்திகரிப்பு அல்லது சுத்திகரிப்பு தொடர்புடைய ஒரு தொட்டி, கப்பல், குளம் அல்லது குளம்	Bioreactor	A tank, vessel, pond or lagoon in which a biological process is being performed, usually associated with water or wastewater treatment or purification.

Tamil	Tamil	English	English
	ஒரு உயிரியல் செயல்முறை செய்யப்பட்டு வருகிறது.		
உயிரி உலை	வளிமண்டலத்தில் இருந்து CO_2 வை நீக்குகின்ற மற்றும் நிலப்பரப்பில் கீழே நிரந்தரமாக அதை சேமித்து வைக்கின்றது.	Biorecro	A proprietary process that removes CO_2 from the atmosphere and store it permanently below ground.
உயிரி எரிபொருள்	நிலக்கரி மற்றும் பெட்ரோலிய போன்ற படிம பொருட்களை கொண்டு தயாரிக்கிறது காற்று புகா செரிமானம், போன்ற தற்போதைய உயிரியல் செயல்-முறைகள், மூலம் எரிபொருள் உற்பத்தி செய்யப்படுகிறது.	Biofuel	A fuel produced through current biological processes, such as anaerobic digestion of organic matter, rather than being produced by geological processes such as fossil fuels, such as coal and petroleum.
உயிரி வடிகட்டி	சொட்டு வடிகட்டி	Biofilter	Trickling Filter
உயிரி வடிகட்டு	உயிரி பொருட்களை கொண்டு மாசுகளை பிடித்து உயிரியல முறையில் சிதைக்கும ஒரு மாசு கட்டுப்பாட்டு நுட்பம்.	Biofiltration	A pollution control technique using living material to capture and biologically degrade process pollutants.
உயிரியல் ஆக்ஸிஜன் தேவை	உயிரியல் ஆக்ஸிஜன் தேவை நீரில் கரிம மாசு வலிமை ஒரு அளவிடுதல்.	BOD	Biological Oxygen Demand; a measure of the strength of organic contaminants in water.
உயிர்த்திரை	உயிர்த்திரை என்பது நுண்ணுயிர்கள் குழு ஒரு தளத்தின் மேல் ஒட்டிகொண்டிருப்பது, அதாவது சொட்டு வடிகட்டியின் ஊடகத்-தின் மேற்பரப்புறத்திலோ அல்லது மெது மணல் வடிப்பி உயிரி சூழ் மீது ஒட்டிக்கொண்டிருப்பது.	Biofilm	Any group of microorganisms in which cells stick to each other on a surface, such as on the surface of the media in a trickling filter or the biological slime on a slow sand filter.
உயிர்வளி தேவைப்படும் நுண்ணுயிரி	உயிரனங்கள் பெருகுவ-தற்கு ஆக்சிஜன் மிகவும் தேவைப் படுகிறது.	Aerobe	A type of organism that requires Oxygen to propagate.
உரபனியல்	வடிவம் மற்றும் ஒரு உயிரினத்தின் அமைப்பு, அல்லது வடிவம் மற்றும் உயிரினத்தின் அமைப்பு மேற்கொள்கின்றன உயிரியல் கிளை.	Morphology	The branch of biology that deals with the form and structure of an organism, or the form and structure of the organism thus defined.

Tamil	Tamil	English	English
உருமாறிய பாறை	உருமாறிய பாறை ஆழமான உடல் மற்றும்/ அல்லது இரசாயன மாற்றம் காரணமாக, 200 டிகிரி சி 150 க்கும் அதிகமாக வெப்பநிலை மற்றும் 1500 பார்கள் விட அதிகமாக அழுத்தத்திற்கு ஆளாகியுள்ளனர் பாறை உள்ளது. அசல் பாறை வண்டல், எரிமலைப் பாறை அல்லது வேறு பழைய உருமாறிப் பாறை இருக்கலாம்.	Metamorphic Rock	Metamorphic rock is rock which has been subjected to temperatures greater than 150 to 200°C and pressure greater than 1500 bars, causing profound physical and/or chemical change. The original rock may be sedimentary, igneous rock or another, older, metamorphic rock.
உருமாற்ற	ஒரு உயிரியல் முறையின் மூலம் ஒரு விலங்கு உடல் பிறப்பு அல்லது, அடையை செல் வளர்ச்சி மற்றும் வகைப்படுத்துதல் மூலம் உடல் அமைப்பு ஒரு பகட்டான மற்றும் ஒப்பீட்டளவில் திடீர் மாற்றம் சம்பந்தப்பட்ட பிறகு உருவாகிறது.	Metamorphosis	A biological process by which an animal physically develops after birth or hatching, involving a conspicuous and relatively abrupt change in body structure through cell growth and differentiation.
உள் ஈட்டு விகிதம்	வெளிப்புற காரணிகள் இல்லை என்பது ஈட்டு விகிதம் கணக்கிட்டு, ஒரு முறை, ஒரு பரிவர்த்தனை விளைவாக வட்டி விகிதம் பரிவர்த்தனை முடிவுகள் ஒரு குறிப்பிட்ட வட்டி விகிதம் இருந்து கணக்கிடப்படும் இருப்பதைக் காட்டிலும், நடவடிக்கை விதிமுறைகளுக்கு இருந்து கணக்கிடப்படும்.	Internal Rate of Return	A method of calculating rate of return that does not incorporate external factors; the interest rate resulting from a transaction is calculated from the terms of the transaction, rather than the results of the transaction being calculated from a specified interest rate.
எரிமலை பாறை	உருகிய பாறை கடுமையடைந்து இருந்து உருவாகின்றன பாறை.	Volcanic Rock	Rock formed from the hardening of molten rock.
எரிமலை பாறை	இது ஒரு வகையான பாறை கரடுமுரடான சரளை நுண் மணல் இருந்து தானிய அளவு மாறுபடும் சுருக்கப்பட்டு எரிமலை சாம்பல் இருந்து உருவாகிறது.	Volcanic Tuff	A type of rock formed from compacted volcanic ash which varies in grain size from fine sand to coarse gravel.

Tamil	Tamil	English	English
எல் நினோ தெற்கு திசை ஊசலாட்டம்	எல் நினோ தெற்கு திசை ஊசலாட்டம் வெப்பமண்டல மத்திய மற்றும் கிழக்கு பசிபிக் பெருங்கடல், கடல் பரப்பு வெப்பநிலை மூலம் அளவிடப்படுகிறது, சூடான மற்றும், குளிர்ந்த வெப்பநிலை சுழற்சி குறிக்கிறது.	El Niño Southern Oscillation	The El Niño Southern Oscillation refers to the cycle of warm and cold temperatures, as measured by sea surface temperature, of the tropical central and eastern Pacific Ocean.
எல் நினோ தெற்கு திசை ஊசலாட்டம்	எல் நினோ தெற்கு திசை ஊசலாட்டம்	ENSO	El Niño Southern Oscillation
என்தால்பியும்	ஒரு வெப்ப இயக்கவியல் அமைப்பில், ஆற்றல் ஒரு நடவடிக்கை.	Enthalpy	A measure of the energy in a thermodynamic system.
எஸ்டர்	சேர்மத்தை ஒரு வகையான மிகவும் மணம், கூடியதாகவும் ஒரு அமில மற்றும் ஒரு ஆல்கஹாலின் எதிர்வினை இருந்து உருவாக்கப்பட்டது.	Ester	A type of organic compound, typically quite fragrant, formed from the reaction of an acid and an alcohol.
ஏற்ற ஒடுக்க	ஒரு இரசாயன குறைப்பு-விஷத்தன்மை எதிர்வினை பெயர் சுருக்கம். குறைப்பு எதிர்வினை எப்போதும் ஒரு ஆக்சிஜனேற்ற எதிர்வினை ஏற்படுகிறது. எற்ற ஒடுக்க வினைகள் அணுக்கள் தன்னுடைய ஆக்ஸைடு நிலை மாறிவிட்டன இதில் அனைத்து ரசாயன எதிர்வினைகளை அடங்கும், பொதுவாக, ரெடாக்சு எதிர்வினைகள் இரசாயன இனங்கள் இடையே எலக்ட்ரான்கள் பரிமாற்ற உள்ளடக்கியது.	Redox	A contraction of the name for a chemical reduction-oxidation reaction. A reduction reaction always occurs with an oxidation reaction. Redox reactions include all chemical reactions in which atoms have their oxidation state changed; in general, redox reactions involve the transfer of electrons between chemical species.
ஒட்டுயிர்ச் செடி	ஒரு தொற்றிப் படரும் பயிர்	Aerophyte	An Epiphyte
ஒளிச்சேர்க்கை	உயிரினத்தின் சூரியனிடம் இருந்து சாதாரணமாக, ஒளி ஆற்றல் தாவரங்கள் மற்றும் பிற உயிரினங்களால் பயன்படுத்தப்படும்	Photosynthesis	A process used by plants and other organisms to convert light energy, normally from the Sun, into chemical energy

Tamil	Tamil	English	English
	வேதியியல் ஆற்றலாக ஒரு செயல்முறை வளர்ச்சி பரவல்.		that can be used by the organism to drive growth and propagation.
ஓளியின்	ஓளி பரவுதல் பிரதிபலித்து அல்லது அனைத்து அதிர்வுகளை ஒற்றை கட்டுப்படுத்தப்பட்டுள்ளது அல்லது சில ஊடகங்கள் மூலம் பரவுகிறது.	Polarized Light	Light that is reflected or transmitted through certain media so that all vibrations are restricted to a single plane.
கசடு	ஒடு திட அல்லது அரை திட குழம்பு கழிவுநீர் சுத்திகரிப்பு செயல்முறைகள் ஒரு பொருள் அல்லது வழக்கமான குடிநீர் சிகிச்சை மற்றும் பல பிற செயல்முறைகள் பெறப்பட்ட ஒரு தீர்வு இடைநீக்கம் தயாரித்தனர்.	Sludge	A solid or semi-solid slurry produced as a by-product of wastewater treatment processes or as a settled suspension obtained from conventional drinking water treatment and numerous other industrial processes.
கடல்நீரைக் குடிநீராக மாற்றும்	உப்பு நிறைந்த தண்ணீரில் இருந்து உப்புக்கள் அகற்றுதல் அதை குடிநீராக உருவாக்குதல்.	Desalination	The removal of salts from a brine to create a potable water.
கடல் பெரிய தாவரம்	கடலோரப்பகுதிகளில் வளர்கின்றன மேக்ரோபைட்ஸ் பெரும்பாலும் மேக்ரோஅல்கா, கடல் புற்கள், மற்றும் சதுப்பு-நிலங்கள் இனங்கள் ஆயிரக்கணக்கான உள்ளனர்.	Marine Macrophyte	Marine macrophytes comprise thousands of species of macrophytes, mostly macroalgae, sea-grasses, and mangroves, that grow in shallow water areas in coastal zones
கடினப்பாறைகள்	கடினப்பாறைகள் ("நுண்ணயமான") பரந்த பட்டைகள் பெரிய கனிம தானியங்கள் ஒரு உருமாறிய பாறை உள்ளது. இது பாறை அமைப்பு, குறிப்பிட்ட கனிம கலவை பொன்ற பொருள்.	Gneiss	Gneiss ("nice") is a metamorphic rock with large mineral grains arranged in wide bands. It means a type of rock texture, not a particular mineral composition.
கட்டுப்படுத்த-முடியாத கழிவுகள்	சுற்றுசூழலில் நிலைத்திருக்க இயற்கையாகவே சிதைக்கும் மிக மெதுவாக இருக்கும் மற்றம் இது கழிவுகள்	Recalcitrant Wastes	Wastes which persist in the environment or are very slow to naturally degrade and which can be very difficult to

Tamil	Tamil	English	English
	கழிவுநீர் சுத்திகரிப்பு ஆலைகளில் சிதைக்கும் மிகவும் கடினமாக இருக்கும்.		degrade in wastewater treatment plants.
கரணி	இரசாயன பகுப்பாய்வு அல்லது மற்ற எதிர்வினைகள் பயன்படுத்த ஒரு பொருள் அல்லது கலவையை கொண்டது.	Reagent	A substance or mixture for use in chemical analysis or other reactions.
கழிவு நிர்	சுத்தமான நீரினை அசுத்தமாக்கி அதின் நீர் ஏற்ககூடிய வகையில் இல்லாதது.	Wastewater	Water which has become contaminated and is no longer suitable for its intended purpose.
கழிவுநீர்	கழிவுநீர் அல்லது மனித கழிவுகள் மாசுபட்ட மற்ற கழிவுநீரை சுத்திகரித்தல்.	Black Water	Sewage or other waste-water contaminated with human wastes.
கழிவுநீர்	இது போன்ற குழாய்கள் குழி கலங்களையும், முதலியன கழிவுநீர் தெரிவிக்கும் உடல் உள்கட்டமைப்பு.	Sewerage	The physical infra-structure that conveys sewage, such as pipes, manholes, catch basins, etc.
கழிவு நீர் சுத்திகரிப்பு	கொழுப்புகள், எண்ணெய், மற்றும் கிரீஸ்	FOG (Wastewater Treatment)	Fats, Oil, and Grease
கற்காலத்திற்கு, மிக முந்திய காலத்தைச் சார்ந்த	உதாரணமாக, போன்ற கற்காலத்திற்கு, மிக முந்திய காலத்தைச் சார்ந்த கல் கருவிகள் ஸ்டோன் வயது, ஆரம்ப-த்தில் தொடர்பான ஏதாவது சிறப்பியல்பு.	Protolithic	Characteristic of some-thing related to the very beginning of the Stone Age, such as protolithic stone tools, for example.
கார்பன் சமநிலை	கரியமில வாயு அல்லது கார்பன் சேர்மங்களை நிகர அளவில் அல்லது வளிமண்டலத்தில் உமிழப்படும் இதில் இல்லையெனில் ஒரு செயல்முறை அல்லது அளவிடு போது பயன்படுத்தப்படும் நிபந்தனை அல்லது குறைக்க, வழக்கமாக ஒரே நேரத்தில், எடுக்கப்பட்ட அளவிடு சமச்சீர் ஈடு அந்த மாசு அல்லது பயன்கள்.	Carbon Neutral	A condition in which thenet amount of carbon dioxideorothercarbon-compounds emitted intotheatmosphere or otherwise used during a process or action is balanced by actions taken, usually simul-taneously, to reduce or offset those emissions or uses.

Tamil	Tamil	English	English
கார்பன் நானோகுழாய்	கார்பன் நானோகுழாய்	Carbon Nanotube	Nanotube
காற்றாலை விசையாழி	காற்று, அதன் மூலம் மின் ஆற்றல் உருவாக்க ஒரு ஜெனரேட்டர் உள்ளே ஒரு சுழலி திருப்பு, ஒரு இறக்கை அல்லது சில வகையான செங்குத்து கத்தி கடந்த நகரும் இருந்து ஆற்றல் கைப்பற்ற வடிவமைக்கப்பட்டுள்ளது ஒரு இயந்திரம்.	Wind Turbine	A mechanical device designed to capture energy from wind moving past a propeller or vertical blade of some sort, thereby turning a rotor inside a generator to generate electrical energy.
காற்றியக்கவியல்	ஒரு வடிவம் கொண்ட அது இழுத்து குறைக்கிறது அதின் காற்று, தண்ணீர் அல்லது வேறு எந்த திரவம் நகரக்கூடயது காற்றியக்கவியல்.	Aerodynamic	Having a shape that reduces the drag from air, water or any other fluid moving past an object.
காற்றில்லா	ஒரு வகையான உயிரினத்திற்கு கடத்தப்பட ஆக்ஸிஜன் தேவைப்படும். மற்றும் நைட்ரஜன், சல்பேடுகள், மற்றும் பிற கலவைகள் அதனுடன் கலந்து பயன்படுத்தபடுகிறது.	Anaerobe	A type of organism that does not require Oxygen to propagate, but can use nitrogen, sulfates, and other compounds for that purpose.
காற்று தாவரம்	ஒரு தொற்றிப் படரும் தாவரம்.	Air Plant	An Epiphyte
காற்று புகா,	உயிரினங்கள் தொடர்பானவைகளுக்கு சுவாசத்திற்கு ஆக்சிஜன் நைட்ரஜன், இரும்பு, அல்லது வேறு சில வளர்சிதை மாற்றம் மற்றும் வளர்ச்சி உலோகங்கள் பயன்படுத்த தேவைப்படுகிறது.	Anaerobic	Related to organisms that do not require free oxygen for respiration or life. These organisms typically utilize nitrogen, iron, or some other metals for metabolism and growth.
காற்று புகா மென்படலம்	காற்று புகா மென்படல உயிரி வினைகலம்	AnMBR	Anaerobic Membrane Bioreactor
காற்றுபுகா மென்படல உயிரி வினைகலம்	எரிவாயு திரவ திட பிரிப்பு மற்றும் உலை உயிரி வைத்திருத்தல் செயல்பாடுகளை ஒரு சவ்வு தடையாக பயன்படுத்தும் ஒரு	Anaerobic Membrane Bioreactor	A high-rate anaerobic wastewater treatment process that uses a membrane barrier to perform the gas-liquid-solids separation and

Tamil	Tamil	English	English
	உயர் விகிதம் காற்றில்லா கழிவுநீர் சுத்திகரிப்பு செயல்முறை ஆகும்.		reactor biomass retention functions.
காற்றுள்ள	உயிரனங்கள் பெருகுவதற்கு காற்று மிகவும் தேவைப் படுகிறது.	Aerobic	Relating to, involving, or requiring free oxygen.
கிடைமட்ட அச்சு காற்றாலை விசையாழி	கிடைமட்ட அச்சு காற்றாலை விசையாழி	HAWT	Horizontal Axis Wind Turbine
கிருமி	உயிரியல், நுண்ணுயிர்ப்பொருளால், நோய் ஏற்படுகிறது குறிப்பாக ஒன்று விவசாயத்தில் கால குறிப்பிட்ட தாவர விதை தொடர்புடையது.	Germ	In biology, a microorganism, especially one that causes disease. In agriculture the term relates to the seed of specific plants.
கிளர்த்திய கசடு	கழிவுநீர் மற்றும் காற்று பயன்படுத்தி தொழில்துறை கழிவு நீர் மற்றும் பாக்டீரியா மற்றும் புரோட்டஸோ உருவாக்குகின்றது ஒரு உயிரியல் தூள்மத் திரள் சிகிச்சைக்கு ஒரு செயல்முறையாக பயன்படுகிறது.	Activated Sludge	A process for treating sewage and industrial wastewaters using air and a biological floc composed of bacteria and protozoa.
கீற்று மேகம்	கீற்று மேகம் 18,000 அடி மேலே வழக்கமாக அமைக்க வேண்டும் என்று மெல்லிய, நலிந்த மேகங்கள் உள்ளன.	Cirrus Cloud	Cirrus clouds are thin, wispy clouds that usually form above 18,000 feet.
குவாண்டம் மெக்கானிக்ஸ்	அணுக்கள் மற்றும் ஒளியன்கள் என்பது இயற்பியலின் ஒரு கிளை.	Quantum Mechanics	A fundamental branch of physics concerned with processes involving atoms and photons.
புவிக்கோள இருப்பறி அமைப்பு	புவிக்கோள இருப்பறி அமைப்பு எங்கும் அல்லது பூமியின் அருகே, அனைத்து வானிலையில் இடம் மற்றும் நேரம் தகவல் வழங்குகிறது என்று ஒரு இடத்தை சார்ந்த ஊடுருவல் முறை அங்கு நான்கு அல்லது அதற்கு மேற்பட்ட ஜி.பி.எஸ் செயற்கைகோள்கள்	GPS	The Global Positioning System; a space-based navigation system that provides location and time information in all weather conditions, anywhere on or near the Earth where there is a simultaneous unobstructed line of sight to four or more GPS satellites.

Tamil	Tamil	English	English
	பார்வை ஒரு ஒரே நேரத்தில் கோட்டில் உள்ளவாறு பெறுதல் உள்ளது.		
குறிப்பிடப்-பட்டுள்ள ஈர்ப்பு	ஒரு குறிப்பு பொருள் அடர்த்தி ஒரு பொருள் அடர்த்தி விகிதம், அல்லது அப்படி ஒரு குறிப்பு பொருளின் ஓரலகு கன அளவில் வெகுஜன பொருளின் ஓரலகு கன அளவில் வெகுஜன விகிதம்.	Specific Gravity	The ratio of the density of a substance to the density of a reference substance; or the ratio of the mass per unit volume of a substance to the mass per unit volume of a reference substance.
குறிப்பிட்ட எடை	ஒரு பொருள் அல்லது பொருளின் ஓரலகு கன அளவில் எடை.	Specific Weight	The weight per unit volume of a material or substance.
மாசுபடுத்தும் நிலை	ஒரு பிறழ் சொல்வழக்கு தவறாக அசுத்தம் செறிவு குறிக்க பயன்படுத்தப்படும்.	Contaminant Level	A misnomer incor-rectly used to indicate the concentration of a contaminant.
கொன்றுண்ணி உயிரினம்	உணவிற்காக கரிம சேர்மங்கள் பயன்-படுத்தும் உயிரினங்கள்.	Heterotrophic Organism	Organisms that utilize organic compounds for nourishment.
வினையூக்கம்	வினையூக்கம் என்பது வேதி வினையின் விகிதம் அதிகரிப்பு, மற்றும் ஒரு ஊக்கியாக எதிர்வினை செயல்புரிந்து வினையின் விகிதத்தை மாற்றுகிறது, இதில் ஒரு கூடுதல் பொருள் பயன்படுத்தும் போது எந்த வினையும் மாறப்போவதில்லை.	Catalysis	The change, usually an increase, in the rate of a chemical reaction due to the participation of an additional substance, called a catalyst, which does not take part in the reaction but changes the rate of the reaction.
வினையூக்கி	வேதி வினையின் விகிதம் மாற்றுவதன் மூலம் வினையூக்கி ஏற்படுத்தும் என்று ஒரு எதிர்வினை.	Catalyst	A substance that cause Catalysis by changing the rate of a chemical reaction without being consumed during the reaction.
கோலை வடிவ	உயிரினம் ஒரு வகை நீரில் நோய் விளை-விக்கும் உயிரினங்கள் இருக்கிறதா அல்லது இல்லையா என்று தீர்மானிக்க பயன்படுத்-தப்படுகிறது.	Coliform	A type of Indicator Organism used to deter-mine the presence or absence of pathogenic organisms in water.

Tamil	Tamil	English	English
சமன்படுத்துலை முகவர்கள்	சமன்படுத்துலை முகவர்கள்	Sequestering Agents	Chelates
சவ்வு அணு உலை	சவ்வு அணு உலை	MBR	See: Membrane Reactor
சவ்வு அணு உலை	ஒரு சவ்வு பிரித்-தெடுத்தல் செயல்-பாட்டின் ஒரு இரசாயன மாற்றம் செயல்முறை ஒருங்கிணைக்கிறது ஒரு சாதனமாகும் வினைபடு சேர்க்க அல்லது எதிர்வினை பொருட்களை நீக்க.	Membrane Reactor	A physical device that combines a chemical conversion process with a membrane separation process to add reactants or remove products of the reaction.
காற்றுபுகா மென்படல உயிரி வினைகலம்	எரிவாயு திரவ திட பிரிப்பு மற்றும் உலை உயிரி வைத்திருத்தல் செயல்பாடுகளை ஒரு சவ்வு தடையாக பயன்படுத்தும் ஒரு உயர் விகிதம் காற்றில்லா கழிவுநீர் சுத்திகரிப்பு செயல்முறை.	Membrane Bioreactor	The combination of a membrane process like microfiltration or ultrafiltration with a suspended growth bioreactor.
சவ்வூடுபரவல்	கரைபொருளின் செறிவு சவ்வு இருபுறமும் சமமாக முனைகிறது என்று திசையில் ஒரு அரை-ஊடுருவத்தக்க மென்படலத்தின் மூலம் கலைக்கப்பட்டது மூலக்கூறுகள் தன்னிச்சையான நிகர இயக்கம்.	Osmosis	The spontaneous net movement of dissolved molecules through a semi-permeable membrane in the direction that tends to equalize the solute concentrations both sides of the membrane.
சவ்வூடு-பரவற்குரிய அழுத்தம்	தேவை குறைந்தபட்ச அழுத்தமாக ஒரு பகுதி சவ்வூடு பரவும் மென்படலம் முழுவதும் தண்ணீர் உள்நோக்கி ஓட்டத்தை தடுக்க ஒரு தீர்வு பயன்படுத்-தப்படும். இது சவ்வூடு நீர் எடுத்து ஒரு தீர்வு போக்கிற்கு நடவடிக்கை வரையறுக்கப்படுகிறது.	Osmotic Pressure	The minimum pressure which needs to be applied to a solution to prevent the inward flow of water across a semi-permeable membrane. It is also defined as the measure of the tendency of a solution to take in water by osmosis.
சாம்பல் நீர்	சாம்பல் நீர் என்பது பெரும்பாலும் குளியலறை, தொட்டி-களையும், சலவை இயந்திரங்கள்	Grey Water	Greywater is gently used water from bathroom sinks, showers, tubs, and washing machines. It is water

Tamil	Tamil	English	English
	மூலமாகவும் மூழ்கிவிடும், மழை, தண்ணீர் பயன்படுத்தப்படுகிறது. அது கழிப்பறையில் இருந்து அல்லது சலவையில் இருந்து மலக்கழிபிடத்திலிருந்து வரகூடிய தண்ணீராக உள்ளது.		that has not come into contact with feces, either from the toilet or from washing diapers.
சாறுண்ணி	ஒரு ஆலை, பூஞ்சை, அல்லது இறந்த அல்லது சேதமடைந்த உயிர்ம வசிக்கும் நுண்ணுயிரிகள்.	Saprophyte	A plant, fungus, or microorganism that lives on dead or decaying organic matter.
சிறிதளவு மாறுபடும் ஓட்டம்	அலைகள், ஒரு வட்ட வடிவிலான அதிகரித்து பின்னர் குறைந்து காணப்படுதல்.	Ebb and Flow	To decrease then increase in a cyclic pattern, such as tides.
சுட்டிக்காட்டி உயிரினமாக	நோய் விளைவிக்கும் உயிரினங்கள் இல்லாத போது மற்ற நோய் விளைவிக்கும் உயிரி-னங்களை இப்போதைய மற்றும் இருக்கும் போது வழக்கமாக உள்ளது என்று ஒரு எளிதாக கணக்கிட உயிரினம்.	Indicator Organism	An easily measured organism that is usually present when other pathogenic organisms are present and absent when the pathogenic organisms are absent.
சூழலியல்	அறிவியல் ஆய்வு மற்றும் கருத்து பரிமாற்றம் ஆராய்வு இடையில் உயிரனம் மற்றும் அதின் சூழல்.	Ecology	The scientific analysis and study of interactions among organisms and their environment.
செங்குத்து அச்சு காற்றாலை விசையாழி	செங்குத்து அச்சு காற்றாலை விசையாழி	VAWT	Vertical Axis Wind Turbine
செங்குத்து அச்சு காற்றாலை விசையாழி	காற்றாலை விசையாழி ஒரு வகை முக்கிய கூறுகள் விசையாழி அடிப்பகுதியில் அமைந்துள்ள போது அங்கு முக்கிய ரோட்டார் தண்டு குறுக்கு காற்று (ஆனால் இது செங்குத்தாக) அமைக்கப்படுகிறது, இந்த ஏற்பாட்டை சேவை மற்றும் சரிசெய்தல் வழிவகுத்து,	Vertical Axis Wind Turbine	A type of wind turbine where the main rotor shaft is set transverse to the wind (but not necessarily vertically) while the main components are located at the base of the turbine. This arrangement allows the generator and gearbox to be located close to the ground, facilitating service and repair.

Tamil	Tamil	English	English
	ஜெனரேட்டர் மற்றும் கியர்பாக்ஸ் தரையில் நெருங்கி அமைந்துள்ள அனுமதிக்கிறது VAWTs காற்று உணரும் மற்றும் சார்ப்பு இயங்குமுறை-றகளின் தேவை நீக்குகிறது இது காற்று, ஒரு சுட்டிக்காட்டியாக பயன்படுகிறது.		VAWTs do not need to be pointed into the wind, which removes the need for wind-sensing and orientation mechanisms.
செலவு	பொருளாதார அல்லது திறமையானது என்பது பணம் செலவு செய்வதின் அளவினை பொறுத்தது.	Cost-Effective	Producing good results for the amount of money spent; economical or efficient.
செறிவு	வேறு ஒரு இரசாயன, கனிம அல்லது கலவை அளவு அலகுக்கான நிறை.	Concentration	The mass per unit of volume of one chemical, mineral or compound in another.
சேறு நிறைந்த	ஒரு சேறு நிறைந்த ஒரு குவிமாட வடிவ நில, சுற்றியுள்ள இயற்கை விட அதிகம் மழை அதன் நீர் பெரும்பகுதி ஆகும்.	Bog	A bog is a domed-shaped land form, higher than the surrounding landscape, and obtaining most of its water from rainfall.
டைடல்	கடலில் அலைகளை நடவடிக்கை உயரும் அல்லது வீழ்ச்சி தாக்கம்.	Tidal	Influenced by the action of ocean tides rising or falling.
டையாக்ஸின்	டையாக்ஸின்கள் மற்றும் டையாக்ஸின் போன்ற சேர்மங்கள் (DLCs) மூலம் பொருட்களை பல்வேறு தொழில்துறை செயல்முறைகள், மற்றும் பொதுவாக சுற்றுச்சூழல் மாசுகள் மற்றும் விடாதிருக்கும் கரிம மாசுப் (POP) என்று மிகவும் கலவைகள் கருதப்படுகின்றன.	Dioxin	Dioxins and dioxin-like compounds (DLCs) are by-products of various industrial processes, and are commonly regarded as highly toxic compounds that are environmental pollutants and persistent organic pollutants (POPs).
தனிமப் புறவேற்றுரு	ஒரு வேதியியல் தனிமம் ஆனது இரண்டு அல்லது அதற்கு மேற்பட்ட வெவ்வேறு வடிவங்களில் உள்ள வெவ்வேறு கட்டமைப்பு மாற்றங்களுடன், அதே	Allotrope	A chemical element that can exist in two or more different forms, in the same physical state, but with different structural modifications.

Tamil	Tamil	English	English
	உடல் நிலையில், இருக்க முடியும். பொருண்மை மாறாமல் அணு அமைப்பு மட்டும் மாறும் மறுவடிவம்.		
திரள் கார்முகில் கிளவுட்	ஒரு அடர்ந்த, உயர்ந்த மனிதன், செங்குத்து இடியுடன் கூடிய வளிமண்டல உறுதியற்ற சக்திவாய்ந்த மேல்நோக்கி வளியோட்டங்கள் மூலம் நடத்தப்பட்ட நீராவி உருவாக்கப்பட்டது.	Cumulonimbus Cloud	A dense, towering, vertical cloud associated with thunderstorms andatmospheric instability, formed from water vapor carried by powerful upward air currents.
திரைக்கு நீர்	நீர் மண் அல்லது உயிரியத்திண்மம் துகள்கள் இடையே நுண்துளையை இடைவெளிகள் சிக்கி இருக்கின்றது.	Interstitial Water	Water trapped in the pore spaces between soil or biosolid particles.
திறன் கர்வ்	தரவு ஒரு இரு பரிமாண வரைபடத்தில் ஒரு மூன்றாவது பரிமாணம் குறிக்க ஒரு வரைபடம் அல்லது விளக்கப்படம் தொகுக்கப்படும் வரிகளை ஒரு இயந்திர அமைப்பு வரைபடம் ஒ மற்றும் ல அச்சுகள் மீது பதிவான இரண்டு சார்ந்து அளவுருக்கள் செயல்பாடாக செயல்படும் எந்த திறன் குறிப்பிடுகின்றன. பொதுவாக பல்வேறு இயக்க நிலைமைகளின் கீழ் குழாய்கள் அல்லது மோட்டார்கள் திறன் குறிக்க பயன்படுத்தப்படுகிறது.	Efficiency Curve	Data plotted on a graph or chart to indicate a third dimension on a two-dimensional graph. The lines indicate the efficiency with which a mechanical system will operate as a function of two dependent parameters plotted on the x and y axes of the graph. Commonly used to indicate the efficiency of pumps or motors under various operating conditions.
துணைப்-பிறழ்நிலை ஓட்டம்	துணைப்பிறழ்நிலை ஓட்டம் புரூடு எண் (பரிமாணமற்றது) குறைவாக 1, அதாவது (ஆழம் பெருக்கி ஈர்ப்பு நிலை) =<1 சதுர ரூட் வகுக்க திசைவேகம் (விமர்சன ஓட்டம் மற்றும் பிறழ் ஓட்டம் ஒப்பிடு) இருக்கும் சந்தர்ப்பத்தில் இருக்கிறது.	Subcritical Flow	Subcritical flow is the special case where the Froude number (dimensionless) is less than 1. i.e. The velocity divided by the square root of (gravitational constant multiplied by the depth) =<1 (Compare to Critical Flow and Supercritical Flow).

Tamil	Tamil	English	English
தெர்மோ-டைனமிக்ஸ்	இயற்பியல் பிரிவு வெப்பம் மற்றும் வெப்பநிலை மற்றும் ஆற்றல் மற்றும் வேலை அவற்றின் தொடர்பு.	Thermo-dynamics	The branch of physics concerned with heat and temperature and their relation to energy and work.
தெற்கு வலைய பாய்ச்சல்	பருவகால சுழற்சிகள் தொடர்புடைய இல்லை என்று தென் துவத்தில் வளிமண்டல ஓட்டத்தில் தட்பவெப்ப நிலை மாறுபாடு ஒரு பிராந்தியப் அளவிலான முறை.	Southern Annular Flow	A hemispheric-scale pattern of climate variability in atmospheric flow in the southern hemisphere that is not associated with seasonal cycles.
தொகுப்பாக்குவதாக்குவதில்லை	ஒன்றாக பல்வேறு விஷயங்கள் இணைப்பதன் மூலம் ஒன்று உருவாக்க அல்லது ஒரு இரசாயன செயல்முறை மூலம் எளிமையான பொருட்களிலிருந்து இணைப்பதன் மூலம் ஒன்று உருவாக்க முடியும்.	Synthesize	To create something by combining different things together or to create something by combining simpler substances through a chemical process.
தொற்றிப் படரும் பயிர்	தரையில் மேலே வளரும் ஒரு செடி, மற்றொரு ஆலை அல்லது பொருள் மூலம் அல்லாத ஒட்டுண்ணித்தனத்தை ஆதரவு மற்றும் மழை, காற்று, மற்றும் தூசி அதன் சத்துக்கள் மற்றும் தண்ணீர் பெறப்படும் ஒரு காற்றுதாவரம்.	Epiphyte	A plant that grows above the ground, supported non-parasitically by another plant or object and deriving its nutrients and water from rain, air, and dust; an "Air Plant."
நகராட்சி திட கழிவு	பொதுவாக அமெரிக்காவில் குப்பை என அழைக்கப்படும் மற்றும் பிரிட்டனில் மறுக்க அல்லது கூளங்களாக, பொது மூலம் அகற்றப்படுகிறது என்று தினமும் பொருட்களை கொண்ட ஒரு கழிவு வகை உள்ளது. குப்பை மேலும் உணவு கழிவு குறிக்க முடியும்.	Municipal Solid Waste	Commonly known as trash or garbage in the United States and as refuse or rubbish in Britain, is a waste type consisting of everyday items that are discarded by the public. "Garbage" can also refer specifically to food waste.
நகர்ப்புறவெப்பத் தீவு	நகர்ப்புறவெப்பத் தீவு ஒரு நகர்ப்புறவெப்பத் தீவு காரணமாக மனித நடவடிக்கைகள் பொதுவாக, அதன்	Urban Heat Island	An urban heat island is a city or metropolitan area that is significantly warmer than its surrounding rural

Tamil	Tamil	English	English
	சுற்றியுள்ள கிராமப்புற கணிசமாக வெப்பமான என்று ஒரு நகரம் அல்லது பெருநகர பகுதியில் ஆகிறது, வெப்பநிலை வேறுபாடு நாள் போது காட்டிலும் இரவில் வழக்கமாக பெரியதாக உள்ளது, மற்றும் காற்று பலவீன-மாக இருக்கும் போது மிகவும் வெளிப்-படையாக உள்ளது.		areas, usually due to human activities. The temperature difference is usually larger at night than during the day, and is most apparent when winds are weak.
நகர்ப்புறவெப்பத் தீவு அடர்த்தி	வெப்பமான நகர்ப்புற மண்டலம் மற்றும் கிராமப் வெப்பநிலை இடையே உள்ள வேறுபாடு நகர்ப்புற வெப்பத் தீவு தீவிரம் அல்லது அளவு வரையறுக்கிறது.	Urban Heat Island Intensity	The difference between the warmest urban zone and the base rural temperature defines the intensity or magnitude of an Urban Heat Island.
நாணய-மாக்குதலைக்	சமத்துவமான ஒப்பிடுகையில் நோக்கங்களுக்காக ஒரு தரப்படுத்தப்பட்ட பண மதிப்பு அல்லாத பண காரணிகளின்.	Monetization	The conversion of non-monetary factors to a standardized monetary value for purposes of equitable comparison between alternatives.
நானோ குழாய்	நானோ குழாய்களின் அணு துகள்கள் வரை ஒரு சிலிண்டர் மற்றும் அதன் விட்டம் சுமார் ஒரு மீட்டர் ஒரு சில பில்லியனாவது (அல்லது நானோமீட்டர்கள்) ஒரு உள்ளது. அவர்கள் பொருட்கள் பல்வேறு, மிகவும் பொதுவாக, கார்பன் இருந்து முடியும்.	Nanotube	A nanotube is a cylinder made up of atomic parti-cles and whose diameter is around one to a few billionths of a meter (or nanometers). They can be made from a variety of materials, most commonly, Carbon.
நிலத்தடி நீர்	நிலத்தடி நீர் மண் நுண்-துளையை இடங்களில் பூமியின் மேற்பரப்பில் கீழே மற்றும் பாறை அமைப்புக்களையும் முறிவுகள் நீர் தற்போது உள்ளது.	Groundwater	Groundwater is the water present beneath the Earth surface in soil pore spaces and in the fractures of rock formations.
நிலத்தடி நீர் அட்டவணை	ஆழம் மண் நுண்துளையை இடைவெளிகள் அல்லது எலும்பு முறிவுகள்	Groundwater Table	The depth at which soil pore spaces or fractures and voids in rock become completely

Tamil	Tamil	English	English
	மற்றும் பாறை ஆக சுழியமாக்குகிறது முற்றிலும் தண்ணீரால் நிறைவுற்ற.		saturated with water.
நிலைம விசை	குறிப்பு விரைந்துவரும் அல்லது சுழல் சட்டகத்தில் ஒரு பார்வையிடும்பொது உணரப்படுகின்ற ஒரு படை, என்று நியூட்டனின் இயக்க விதிகள், எ.கா. செல்லும்படியாகும் உறுதிபடுத்த உதவுகிறது ஒரு முடுக்கி வாகனத்தில் பின்தங்கிய கட்டாயத்தில் கருத்து.	Inertial Force	A force as perceived by an observer in an accelerating or rotating frame of reference, that serves to confirm the validity of Newton's laws of motion, e.g. the perception of being forced backward in an accelerating vehicle.
நிறமாலை	ஒரு நிறமாலை	Spectro-photometer	A Spectrometer
நிறை நிறமாலையியல்	ஒளி விட்டங்களின் ஒரு தயாரிக்கப்பட்ட திரவ மாதிரி கடந்து இது ஒரு கலவை ஆய்வு ஒரு வடிவம் தற்போது குறிப்பிட்ட அசுத்தங்கள் செறிவு குறிக்க.	Mass Spectro-scopy	A form of analysis of a compound in which light beams are passed through a prepared liquid sample to indicate the concentration of specific contaminants present.
நீரழுத்த முறிவின்	நீரழுத்த முறிவின்	Hydraulic Fracturing	Fracking
நீரழுத்த கடத்துதிறன்	ஹைட்ராலிக் கடத்துத்-திறனானது ஒரு திரவம் (வழக்கமாக நீர்) நுண்துளையை இடைவெளிகள் அல்லது முறிவுகள் மூலம் நகர்த்த முடியும் எளிதாக விவரிக்கும் மண் மற்றும் பாறைகள் ஒரு சொத்து உள்ளது. அது பொருள். பூரித உள்ளார்ந்த ஊடுருவு திறன் பொறுத்தது, மற்றும் திரவத்தின் அடர்த்தி மற்றும் பாகுத்தன்மை மீது கொண்டது.	Hydraulic Conductivity	Hydraulic conductivity is a property of soils and rocks, which describes the ease with which a fluid (usually water) can move through pore spaces or fractures. It depends on the intrinsic permeability of the material, the degree of saturation, and on the density and viscosity of the fluid.
நீரியலர்	நீரியல் ஒரு பயிற்சியாளர்	Hydrologist	A practitioner of hydrology

Tamil	Tamil	English	English
நீரியல்	நீரியல் பயன்படுத்தப்படும் அறிவியல் மற்றும் பொறியியல் திரவங்கள் அல்லது திரவங்கள் இயந்திர பண்புகளை கையாள்வதில் ஒரு தலைப்பு.	Hydraulics	Hydraulics is a topic in applied science and engineering dealing with the mechanical properties of liquids or fluids.
நீரியற் சுழற்சி	நீர் சுழற்சியில் பூமியின் மேற்பரப்பில் மேலே, மற்றும் கீழே நீரின் தொடர் இயக்கம் விவரிக்கிறது.	Hydrologic Cycle	The hydrological cycle describes the continuous movement of water on, above and below the surface of the Earth.
நீரின் கடினத்தன்மை	நீரில் கால்சியம் மற்றும் மக்னீசியம் அயனிகளின் தொகை, மற்ற உலோக அயனிகள் கடினத்தன்மை பங்களிக்க ஆனால் குறிப்பிடத்தக்க செறிவு உள்ள எப்போதாவது உள்ளன.	Water Hardness	The sum of the Calcium and Magnesium ions in the water; other metal ions also contribute to hardness but are seldom present in significant concentrations.
நீர் சுழற்சி	நீர் சுழற்சி பூமியின் மேற்பரப்பில் மேலே, மற்றும் கீழே நீரின் தொடர் இயக்கம் விவரிக்கிறது.	Water Cycle	The water cycle describes the continuous movement of water on, above and below the surface of the Earth.
நீர் மென்மைப்படுத்தல்	நீரில் குறிப்பிடத்தக்க உலோக அயனிகள் சேர்த்து கால்சியம் மற்றும் மக்னீசியம் அயனிகளின் நீக்கம் செய்வது நீர் மென்மைப்படுத்ததல்.	Water Softening	The removal of Calcium and Magnesium ions from water (along with any other significant metal ions present).
நீர் ஆற்றல்	நீரியல் இயக்கம், விநியோகம், மற்றும் நீரின் தரம் பற்றிய அறிவியல் கல்வியாகும்.	Hydrology	Hydrology is the scientific study of the movement, distribution, and quality of water.
நீர்மின்சாரம்	ஒரு அமைப்பு அல்லது சாதனம் விவரிக்கும் ஒரு பெயரடை நீர்மின்சார மூலம் இயக்கப்படுகிறது.	Hydroelectric	An adjective describing a system or device powered by hydroelectric power.
நீர்மின்சாரம்	நீர்மின்சாரம் மின்சாரம் வீழ்ச்சி பாயும் நீரில் ஈர்ப்பு விசை பயன்படுத்துவதன் மூலம் உருவாக்கப்படும்.	Hydroelectricity	Hydroelectricity is electricity generated through the use of the gravitational force of falling or flowing water.

Tamil	Tamil	English	English
நுண்ணுயிரி	ஒற்றை அணு அல்லது பல செல் இருக்கலாம் இது ஒரு நுண்ணிய வாழும் உயிரினம்.	Microorganism	A microscopic living organism, which may be single celled or multicellular.
நுண்ணுயிர்	நுண்ணிய ஒற்றை செல் உயிரினங்கள்.	Microbe	Microscopic single-cell organisms.
நுண்ணுயிர்	நோய்தொற்றாக காரணமாக இருப்பது நுண்ணுயிரிகள்.	Microbial	Involving, caused by, or being microbes.
நுண்துளை விண்வெளி	ஒரு மண் கலவை அல்லது சுயவிவர மண் தானியங்கள் இடையே இடைத்திசு இடைவெளிகள். கொண்டுள்ளது.	Pore Space	The interstitial spaces between grains of soil in a soil mixture or profile.
நுண்புழைமை	ஒரு நுண்குழல் அல்லது உறிஞ்சு பொருள் ஒரு திரவ போக்கு உயரும் அல்லது மேற்பரப்பில் பரப்பு இழுவிசை.	Capillarity	The tendency of a liquid in a capillary tube or absorbent material to rise or fall as a result of surface tension.
நொதித்தல்	ஒரு உயிரியல் செயல்முறை நுண்ணுயிரிகள் மூலம் பெரும்பாலும் வெப்ப மற்றும் இனிய–விஷ வாயுவினால் ஒரு பொருளினை சிதைகிறது பாக்டீரியா, ஈஸ்ட்டுகள், மற்றும் சேர்ந்து நடத்துவிக்கிறது.	Fermentation	A biological process that decomposes a substance by bacteria, yeasts, or other microorganisms, often accompanied by heat and off-gassing.
நொதித்தல் குழிகள்	சில நேரங்களில் கழிவுநீர் சுத்திகரிப்பு குளங்களில் கீழே வைக்கப்படும் ஒரு சிறிய, கூம்பு வடிவ குழி ஒரு நின்றுவிடவில்லை, எனவே இன்னும் திறமையான வழியில் காற்று புகா செரிமானம் நிலைநிறுத்த திடப்பொருட்களினால் இவை நடக்கின்றது.	Fermentation Pits	A small, cone shaped pit sometimes placed in the bottom of wastewater treatment ponds to capture the settling solids for anaerobic digestion in a more confined, and therefore more efficient way.
நோய் பரப்பும் கிருமி	மனிதர்களில் ஏற்படுத்துகிறது, அல்லது ஊறு திறன், நோய் ஒரு உயிரினம், வழக்கமாக ஒரு பாக்டீரியம் அல்லது ஒரு வைரஸ்.	Pathogen	An organism, usually a bacterium or a virus, which causes, or is capable of causing, disease in humans.

Tamil	Tamil	English	English
பகலிரவு	ஒவ்வொரு நாளும் போன்ற பகலிரவு அலைகள், போன்ற பகலிரவு பணிகளை தொடர், அல்லது ஒரு தினசரி சுழற்சி கொண்ட பகலிரவு அலைகள்.	Diurnal	Recurring every day, such as diurnal tasks, or having a daily cycle, such as diurnal tides.
பசுமை இல்லா வாயு	உறிஞ்சி வெப்ப அகச்சிவப்பு எல்லை-க்குள் கதிர்வீச்சு வெளியேற்றுகிறது என்று ஒரு வளிமண்டலத்தில் ஏற்பட்ட வாயு, பொது-வாக பூமியின் மேல் வளிமண்டலத்தில் ஓசோன் படலம் மற்றும் வளிமண்டலத்தில் வெப்ப ஆற்றல் பொறி புவி வெப்பமடைதல் வழிவகுத்தது அழிப்பு தொடர்புடையது.	Greenhouse Gas	A gas in an atmosphere that absorbs and emits radiation within the thermal infrared range; usually associated with destruction of the ozone layer in the upper atmosphere of the earth and the trapping of heat energy in the atmosphere leading to global warming.
படிவப்பாறைகள்	ஒரு வகை பாறை பூமியின் மேற்பரப்பில் பொருள் படிவால் மற்றும் படிதல் செயல்முறைகள் மூலம், நீர்நிலைகள் உருவானது.	Sedimentary Rock	A type of rock formed by the deposition of material at the Earth sur-face and within bodies of water through pro-cesses of sedimentation.
பல்லின-வட்டமான ஆர்கானிக் கலவை	ஒரு பல்லினவட்டமான ஆர்கானிக் கலவை அதன் வேற்றணு வளையச் சேர்மம் குறைந்தது இரண்டு வெவ்வேறு தனிமங்களின் அணுக்கள் கொண்ட ஒரு சுற்றறிக்கை அணு அமைப்பு போன்ற பொருள்.	Heterocyclic Organic Compound	A heterocyclic com-pound is a material with a circular atomic structure that has atoms of at least two different elements in its rings.
பல்லின-வட்டமான வளையம்	ஒன்றுக்கு மேற்பட்ட வகையான அணுக்கள் ஒரு மோதிரத்தை மிகவும் பொதுவாக கார்பன் அணுக்கள் ஒரு வளயத்தை குறைந்தது ஒரு இடை கார்பன் அணு கொண்ட வளையச் சேர்மம்.	Heterocyclic Ring	A ring of atoms of morethan one kind; most commonly, a ring of carbon atoms containing at least one non-carbon atom.
பனி உறைவு கழுவ	பொருள் உருகு மூலம் ஒரு பனிப்பாறையில் இருந்து தானகவே மற்றும் பனிப்பாறை படிதல்.	Glacial Outwash	Material carried away from a glacier by meltwater and deposited beyond the moraine.

Tamil	Tamil	English	English
பனிக்குழிவு	நீர் ஒரு மேலோட்டமான, வண்டல் நிரப்பப்பட்ட உடல் பனிப்பாறைகள் பின்வாங்கிய அல்லது ஒரு வெள்ளப்பெருக்கு வடிகட்டி மூலம் உருவாக்கப்பட்டது அடுபிடிகலன் விலகிச்செல்லுகின்ற பனிப்பாறை முன் இருந்து பனிப்பாறை உடைப்பு தொகுதிகள் விளைவாக நிகழும் முற்றிலும் உறைபனி மேலும் பனியாற்றுப் படிவு புதைந்து ஓரளவு வருகிறது நீர் பனிப்படிவு நிலவமைப்புகள் உள்ளன.	Kettle Hole	A shallow, sediment-filled body of water formed by retreating glaciers or draining floodwaters. Kettles are fluvioglacial landforms occurring as the result of blocks of ice calving from the front of a receding glacier and becoming partially to wholly buried by glacial outwash.
பனியாறு	பனி ஒரு மெதுவாக நகரும் வெகுஜன அல்லது ஆற்றில் மலைகளில் அல்லது துருவப்பகுதிகளில் குவியும் மற்றும் பனி என்ற கச்சிதமாய் மூலம் உருவாக்கப்பட்டது.	Glacier	A slowly moving mass or river of ice formed by the accumulation and compaction of snow on mountains or near the poles.
பாகுநிலை	வெட்டு மன அழுத்தம் அல்லது நீளுமை மன அழுத்தம் மூலம் படிப்படியாக சிதைப்பது ஒரு திரவம் எதிர்ப்பு ஒரு நடவடிக்கையாக தண்ணீர் போன்ற எதிராக சிறப்பு திரவங்கள், உள்ள தடிமன் என்ற கருத்தை ஒப்பானதாகும்.	Viscosity	A measure of the resistance of a fluid to gradual deformation by shear stress or tensile stress; analogous to the concept of "thickness" in liquids, such as syrup versus water.
பாலி-குளோரினேடட் பைபினைல்	பாலிகுளோரினேடட் பைபினைல்	PCB	Polychlorinated Biphenyl
காற்றழுத்த அலகு	S.I அழுத்தம் பெறப்பட்ட அலகு, உள் அழுத்தம், மன அழுத்தம், சிறிய தகைமை மற்றும் இறுதி இழுவிசை வலுவை ஒரு சதுர மீட்டருக்கு ஒரு நியூட்டன் என வரையறுக்கப்படுகிறது.	Pascal	The SI derived unit of pressure, internal pressure, stress, Young's modulus and ultimate tensile strength; defined as one newton per square meter.

Tamil	Tamil	English	English
பிறழ் ஓட்டம்	பிறழ் ஓட்டம் புரூடு எண் (பரிமாணமற்றது) (ஆழம் பெருக்கி ஈர்ப்பு நிலை) சதுர ரூட் வகுக்க 1க்கும் அதிகமாக அதாவது திசைவேகம் =>1 (துணைப்பிறழ்நிலை ஓட்டம் மற்றும் சிக்கலான ஓட்டம் ஒப்பிடு) இருக்கும் சந்தர்ப்பத்தில் இருக்கிறது.	Supercritical flow	Supercritical flow is the special case where the Froude number (dimensionless) is greater than 1. i.e. The velocity divided by the square root of (gravitational constant multiplied by the depth) =>1 (Compare to Subcritical Flow and Critical Flow).
புகைப்பட நொதித்தல்	ஒளி முன்னிலையில் நொதித்தல் மூலம் உயிரி நீரகம் ஒரு கரிம மூலக்கூறு மாற்றும் செயல்பாடு.	Photo-fermentation	The process of converting an organic substrate to biohydrogen through fermentation in the presence of light.
புவியமைப்பியல்	திட பூமியின ஆய்வு கொண்ட ஒரு புவி அறிவியல், பாறைகள் இது அதை உருவாக்குகின்றது, மற்றும் இதன் மூலம் செயல்முறைகள் அவர்கள் மாற்ற.	Geology	An earth science comprising the study of solid Earth, the rocks of which it is composed, and the processes by which they change.
புற ஊதா ஒளி	புற ஊதா ஒளி	UV	Ultraviolet Light
புறவளி மண்டலம்	ஒரு மெல்லிய, வளி போன்ற தொகுதி மூலக்கூறுகள் ஈர்ப்பு கிரகத்தில் செய்பவர்கள், அங்கு ஆனால் அவர்கள் ஒருவருக்கொருவர் மோதி மூலம் வாயு நடப்பது எங்கே அடர்த்தி மிகவும் குறைவாக உள்ளது.	Exosphere	A thin, atmosphere-like volume surrounding Earth where molecules are gravitationally bound to the planet, but where the density is too low for them to behave as a gas by colliding with each other.
பூச்சி வளர்ச்சியில்	ஒரு பூச்சி முழுமையாக வளர்ந்த நிலையில் அவற்றிற்கு சிறகுகள் வருகின்றன.	Imago	The final and fully developed adult stage of an insect, typically winged.
பூச்சியியல்	பூச்சிகள் ஆய்வு என்று விலங்கியலில் பாடத்தின் ஒரு பிரிவு.	Entomology	The branch of zoology that deals with the study of insects.
பெரிய தாவர	குறிப்பாக ஒரு நீர்வாழ் ஆலை, அதிக அளவு ஒரு ஆலை, வெறுங்கண்ணால் பார்க்க வேண்டும்.	Macrophyte	A plant, especially an aquatic plant, large enough to be seen by the naked eye.

Tamil	Tamil	English	English
பெரிஸ்டால்டிக் விசையியக்கக்	நேர்மறை இடமாற்ற விசையியக்கக் குழாயின் ஒரு வகை பல்வேறு வகையான திரவங்களை இறைக்கும் கருவி பயன்படுத்தப்பட்டது. திரவம் (பொதுவாக) வட்ட விசையியக்கக் குழாய் உறைக்கு உட்புறமாக பொருத்-தப்பட்டுள்ள நெகிழ்வு குழாயக்குள்ளாக இருக்கிறது. உருளைகள் ஷூக்கள், துடைப்பான்கள் அல்லது நுரையீரலில் பல சுழலி வெளிப்புற வட்டச்சுற்றளவோடு இணைக்கப்பட்டிருக்கிறது ஒரு சுழலி ஒரு திசையில் திரவம் பாய்வதற்கு இதனால், நெகிழ்வான குழாய் தொடர்ந்து அழுத்துவது.	Peristaltic Pump	A type of positive displacement pump used for pumping a variety of fluids. The fluid is contained within a flexible tube fitted inside a (usually) circular pump casing. A rotor with a number of "rollers," "shoes," "wipers," or "lobes" attached to the external circumference of the rotor compresses the flexible tube sequentially, causing the fluid to flow in one direction.
பெற்றோலிய மற்றும் அபாயகரமான பொருட்கள்	பெற்றோலிய மற்றும் அபாயகரமான பொருட்கள்	OHM	Oil and Hazardous Materials
பொருளியல்	உற்பத்தி, நுகர்வு, மற்றும் பொருள்வளம் மாற்றம் குறித்து அறிவு பொருளியல் ஆகும்.	Economics	The branch of knowledge concerned with the production, consumption, and transfer of wealth.
மத்திய மண்டலம்	பூமியின் வளிமண்டலம் மூன்றாவது பெரிய அடுக்கு நேரடியாக வளி-மண்டல எல்லைவெளி மேலே நேரடியாக இடைபடு வான்வெளி-ப்புறணி கீழே என்று மத்திய மண்டலம் மேல் எல்லை –100 டிகிரி செல்சியஸ் (–146 டிகிரி F அல்லது 173 கே போன்ற குறைந்த வெப்பநிலை பூமியில் குளிரான இயற்கையாக இடத்தில் இருக்க முடியும், இது இடைபடு வான்வெளிப்புறணி உள்ளது.	Mesosphere	The third major layer of Earth atmosphere that is directly above the stratopause and directly below the mesopause. The upper boundary of the mesosphere is the mesopause, which can be the coldest naturally occurring place on Earth with temperatures as low as –100°C (–146°F or 173 K).

Tamil	Tamil	English	English
மருந்துகள்	மருந்துகள் பயன்படுத்த உற்பத்தி சேர்மங்கள் அடிக்கடி சூழலில் தொடர்ந்து பார்க்க கட்டுப்படுத்த முடியாத கழிவுகள்.	Pharmaceuticals	Compounds manufactured for use in medicines; often persistent in the environment. See: Recalcitrant Wastes
மலையின் மீதுள்ள சிறிய ஏரி	ஒரு மலை ஏரி அல்லது குளம், ஒரு பனிப்பாறை மூலம் தோண்டிய ஒரு பனிஅரி பள்ளம் உருவாக்கப்பட்டது.	Tarn	A mountain lake or pool, formed in a cirque excavated by a glacier.
மல்முகமடுப்பு	நிலவியல் மடங்கு ஒரு வகை அதன் அடிப்படை அதன் பழமையான அடுக்குகள் கொண்ட அடுக்கு பாறை ஒரு ஆர்ச் போன்ற வடிவம் ஆகும்.	Anticline	A type of geologic fold that is an arch-like shape of layered rock which has its oldest layers at its core.
பலவற்றின் ஒழுங்கற்ற கூட்டு	பலவற்றின் ஒழுங்கற்ற கூட்டு.	Agglomeration	The coming together of dissolved particles in water or wastewater into suspended particles large enough to be flocculated into settlable solids.
மாந்தவுருபியம்	ஒரு விலங்கு போன்ற மனித பண்புகள் அல்லது, அல்லாத மனித மறுப்புக்கூறு கொண்டது.	Anthropomorphism	The attribution of human characteristics or behavior to a non-human object, such as an animal.
மானிடவியல்	மனித வாழ்க்கை மற்றும் வரலாற்று ஆய்வில்.	Anthropology	The study of human life and history.
மாஸ் நிறமாலை	ஒரு வெகுஜன நிறமாலை	MS	A Mass Spectrophotometer
முகத்துவாரம்	நீர் செல்லும் பாதையில் அலைகளும் நதியும் சந்திக்கின்றன.	Estuary	A water passage where a tidal flow meets a river flow.
முட்டை உரு பனிப்படிவு	உறைபனி மேலும் அளவிடுதல் விளைவாக ஒரு நிலவியல் உருவாக்கம் ஒரு நீள் அல்லது கருவுறா முட்டை சார்ந்த, கண்ணீர்த்துளி உள்ளது என்று பல தானிய அளவுகள் ஒரு நன்கு கலக்கப்பட்ட சரளை உருவாக்கம் வடிவம் இதில், மலை பனிப்பாறை உருகும்போது திசையில்	Drumlin	A geologic formation resulting from glacial activity in which a well-mixed gravel formation of multiple grain sizes that forms an elongated or ovular, teardrop shaped, hill as the glacier melts; the blunt end of the hill points in the direction the glacier originally moved over the landscape.

Tamil	Tamil	English	English
	மலை புள்ளிகள் மழுங்கிய பனிப்பாறை முதலில் இயற்கை மீது செல்லுதல்.		
முதிர்வு குளத்தில்	குளங்களில் பாலிஷ் ஒரு குறைந்த செலவு, பொதுவாக ஒரு முதன்மை அல்லது இரண்டாம் விருப்பத்-துக்குரிய கழிவுநீர் சுத்திகரிப்பு குளம் ஒன்று பின்வருமாறு இது (–1 மீட்டர் ஆழம் பொதுவாக 0.9) முதன்மையாக மூன்றாம் நிலை சிகிச்சை, (அதாவது, நோய்கிருமிகள், ஊட்டச்சத்து அகற்றுதல் மற்றும் சாத்தியமான பாசி) அவர்கள் மிகவும் மேலோட்டமான வடிவமைக்கப்பட்டுள்ளது.	Maturation Pond	A low-cost polishing ponds, which generally follows either a primary or secondary facultative wastewater treatment pond. Primarily designed for tertiary treatment, (i.e., the removal of pathogens, nutrients and possibly algae) they are very shallow (usually 0.9–1 m depth).
முதுகெலும்-பில்லாத	விலங்குகள் என்று உடையவர்கள் அல்லது பூச்சிகள் உட்பட ஒரு முள்ளந்தண்டு, உருவா-க்குவது, நண்டுகள், கடல் நண்டு மற்றும் அது தொடர்பான நத்தைகள், கிளிஞ்சல்கள், ஆக்டோபஸ்கள் மற்றும் தொடர்பான நட்சத்திர மீன், கடல் அர்சின்ஸ் மற்றும் அதின் தொடர்புடைய புழுக்கள்.	Invertebrates	Animals that neither possess nor develop a vertebral column, including insects; crabs, lobsters and their kin; snails, clams, octopuses and their kin; starfish, sea-urchins and their kin; and worms, among others.
மூலக்கூறு	வேதியியலில், அயனி அல்லது மூலக்கூறு பிணைப்பு ஒருங்கிணைக்க ஒரு உலோக அணு இணைக்கப்பட்ட. உயிர் வேதியியல், மற்றொரு (வழக்கமாக-பெரிய) மூலக்கூறுடன் கட்டிப்போடும் ஒரு மூலக்கூறில் உள்ள.	Ligand	In chemistry, an ion or molecule attached to a metal atom by coordinate bonding. In biochemistry, a molecule that binds to another (usually larger) molecule.
மொத்த ஆர்கானிக் கார்பன்	மொத்த ஆர்கானிக் கார்பன், நீரில் அசுத்தங்கள் கரிம உள்ளடக்கத்தை ஒரு அளவிடுதல்.	TOC	Total Organic Carbon; a measure of the organic content of contaminants in water.

Tamil	Tamil	English	English
மோரைனில்	பாறைகள் மற்றும் வண்டல் ஒரு வெகுஜன பொதுவாக அதன் முனைகளை அல்லது முனையில் முகடுகளில் ஒரு பனிப்பாறை மூலம் படிந்தது.	Moraine	A mass of rocks and sediment deposited by a glacier, typically as ridges at its edges or extremity.
மைதானம் ஊடுருவி ராடார்	மைதானம் ஊடுருவி ராடார்	GPR	Ground Penetrating Radar
மையநோக்கு விசை	மையநோக்கு விசை என்பது ஓர் உடலை வளைந்த பாதையில் பயணிக்க வைக்கும் விசையாகும். அதன் திசை எப்பொழுதும் உடலின் திசைவேகத்திற்கு செங்குத்தானதாக, வளைவுப் பாதையின் கணநிலை மைத்தினோடு செல்வதாக இருக்கும். மையநோக்கு விசையே வட்ட இயக்கத்திற்கு காரணமாகும்.	Centripetal Force	A force that makes a body follow a curved path. Its direction is always at a right angle to the motion of the body and towards the instantaneous center of curvature of the path. Isaac Newton described it as "a force by which bodies are drawn or impelled, or in any way tend, towards a point as to a centre."
மையவிலக்கு விசை	நியூட்டனின் இயக்கவியல் ஒரு கால சுழலும் சட்டகத்திலான பார்க்கப்-படும் போது அனைத்து பொருட்களின் மீது செயல்பட தோன்றுகிறது சுழற்சி அச்சிலிருந்து இருந்து இயக்கப்பட்டது.	Centrifugal Force	A term in Newtonian mechanics used to refer to an inertial force directed away from the axis of rotation that appears to act on all objects when viewed in a rotating reference frame.
யுகம்	ஒரு மிக நீண்ட நேரம் காலம், பொதுவாக பல மில்லியன் வருடங்களுக்கு அளவிடப்படுகிறது.	Eon	A very long time period, typically measured in millions of years.
யூட்ரோபிகேஷன்	செயற்கை அல்லது இயற்கை சத்துக்கள், முக்கியமாக நைட்ரேட் மற்றும் பாஸ்பேட்கள் ஒரு நீர்வாழ் அமைப்பு கூடுதலாக ஒரு சுற்றுச்சூழல் பதில், மலர்ந்து அல்லது சத்-துக்கள் அதிகரிப்பு ஒரு பதிலை ஒரு தண்ணீர் உடலில் ∴பைட்டோ-ப்ளாங்க்டன் சிறப்பான உயர்வு போன்ற. கால வழக்கமாக சுற்றுச்சூழல் ஒரு வயதான மற்றும்	Eutrophication	An ecosystem response to the addition of artifi-cial or natural nutrients, mainly nitrates and phosphates to an aquatic system; such as the "bloom" or great increase of phytoplank-ton in a water body as a response to increased levels of nutrients. The term usually implies an aging of the ecosystem and the transition from open water in a pond or

Tamil	Tamil	English	English
	ஒரு ஈர ஒரு ஏரி அல்லது குளம் திறந்த தண்ணீர் மாற்றம், பின்னர் சதுப்பு, ஒரு ∴பென்ஸ் செய்ய குறிக்கிறது, மற்றும் இறுதியில் காடுகள் நிலம் மேட்டுநில பகுதி.		lake to a wetland, then to a marshy swamp, then to a Fen, and ultimately to upland areas of forested land.
ரேடார்	எல்லை, கோணம், அல்லது பொருட்களை திசை வேகம் ஆகியவற்றை ரேடியோ அலைகள் பயன்படுத்தும் ஒரு பொருள் கண்டறிதல் அமைப்பு.	Radar	An object-detection system that uses radio waves to determine the range, angle, or velocity of objects.
ரெனால்டைப் எண்	ஒரு திரவம் ஓட்டம் தொடர்புடைய கொந்தளிப்பு குறிக்கும் பரிணாமமற்ற எண். அது செய்ய விகிதாசார (நிலைமவிசை)/ (பிசுபிசுப்புடைய) மற்றும் மாறும் ஒற்றுமை கணக்கிடவும் வேகத்தை, வெப்பம், மற்றும் நிறை பரிமாற்றம் பயன்படுத்தப்படுகிறது.	Reynold's Number	A dimensionless number indicating the relative turbulence of flow in a fluid. It is proportional to {(inertial force)/(viscous force)} and is used in momentum, heat, and mass transfer to account for dynamic similarity.
வாழ்க்கை சூழற்சி செலவுகள்.	உருவாக்கத்தின் உரிமை மொத்த செலவு மதிப்பீடு ஒரு முறை. அது பெறுவதற்கான வைத்திருக்கும், மற்றும் ஒரு கட்டிடம் அப்புறப்படுத்துகிறது, கட்டிட அமைப்பு, அல்லது மற்ற உருவாக்கத்தின் அனைத்து செலவுகள் கணக்கில் எடுத்து. அதே செயல்திறன் தேவைகளை நிறைவேற்ற மற்றும் ஆனால் பல்வேறு ஆரம்ப மற்றும் செலவுகள் வேண்டும், அவர்களோடு திட்டம் மாற்று நிகர சேமிப்பு அதிகரிக்க ஒப்பிடும்போது இந்த முறைகள் மிகவும் பயனள்ளுதாக இருக்கும்.	Life-Cycle Costs	A method for assessing the total cost of facility or artifact ownership. It takes into account all costs of acquiring, owning, and disposing of a building, building system, or other artifact. This method is especially useful when project alternatives that fulfill the same performance requirements, but have different initial and operating costs, are to be compared to maximize net savings.

Tamil	Tamil	English	English
வட அட்லாண்டிக் ஊசலாட்டத்தின்	ஐஸ்லென்டிக் குறைந்த மற்றும் வலிமை மற்றும் மேற்கு காற்று மற்றும் புயலின் திசையை கட்டுப்படுத்துகிறது என்று அசோர்ஸில் உயர் இடையே கடல் மட்டத்தில் வளிமண்டல அழுத்தம் வேறுபாடுகள் ஏற்ற இறக்கங்கள் வட அட்லாண்டிக் பெருங்கடலில் ஒரு வானிலை தோற்றப்பாடு வட அட்லாண்டிக் முழுவதும் கண்காணிக்கிறது.	NAO (North Atlantic Oscillation)	A weather phenomenon in the North Atlantic Ocean of fluctuations in atmospheric pressure differences at sea level between the Icelandic low and the Azores high that controls the strength and direction of westerly winds and storm tracks across the North Atlantic.
வடக்கு வலைய முறை	பருவகால சுழற்சிகள் தொடர்புடைய இல்லை என்று வட துருவத்தில் வளிமண்டல ஓட்டத்தில் தட்பவெப்ப நிலை மாறுபாடு ஒரு பிராந்தியப் அளவிலான முறை.	Northern Annular Mode	A hemispheric-scale pattern of climate variability in atmospheric flow in the northern hemisphere that is not associated with seasonal cycles.
வண்டல்	இடைநீக்கம் உள்ள துகள்களை திரவம் வெளியே குடியேற மற்றும் காரணமாக ஈர்ப்பு, மையவிலக்கு முடுக்கம், அல்லது மின்காந்த-வியல் சக்திகளுக்கு ஒரு தடையாக எதிராக உள்ளது.	Sedimentation	The tendency for particles in suspension to settle out of the fluid in which they are entrained and come to rest against a barrier due to the forces of gravity, centrifugal acceleration, or electromagnetism.
வரிச்சீர் ஓட்டம்	திரவ இயக்கவியலில், ஒரு திரவம் அடுக்கு-களுக்கு இடையில் தடங்கல் ஏற்படுத்தாமல், இணை அடுக்குகள் பாய்ந்தோடும் வரிச்சீர் ஓட்டம் ஏற்படுகிறது. குறைந்த திசைவேகங்-களில், திரவம் பக்கவாட்டு கலக்கும் இல்லாமல் செல்லும் முனைகிறது. ஓட்டம் திசைக்கு செங்குத்தாக எந்த குறுக்கு நீரோட்டங்கள், அல்லது எதிர்சுழிப்புகள் அல்லது திரவங்கள் சுழன்று உள்ளன.	Laminar Flow	In fluid dynamics, laminar flow occurs when a fluid flows in parallel layers, with no disruption between the layers. At low velocities, the fluid tends to flow without lateral mixing. There are no cross-currents perpendicular to the direction of flow, nor eddies or swirls of fluids.

Tamil	Tamil	English	English
வளிமண்டலத்தில் அடி	வளிமண்டலத்தில் மிக குறைந்த பகுதியை வளிமண்டல வெகுஜன சுமார் 75% மற்றும் நீராவி மற்றும் தூ சுப்படலம் 99% கொண்ட. சராசரி ஆழம் மத்திய நில நடுக்கோட்டுப்பற்றி 17 கிமீ (11 மைல்), வெப்ப மண்டலங்களில் 20 கிமீ (12 மைல்), மற்றும் துருவப் பகுதி-களின் அருகே சுமார் 7 கி.மீ. (4.3 மைல்), குளிர்காலத்தில் வரை ஆகிறது.	Troposphere	The lowest portion of atmosphere; containing about 75% of the atmo-spheric mass and 99% of the water vapor and aerosols. The average depth is about 17 km (11 mi) in the middle latitudes, up to 20 km (12 mi) in the tropics, and about 7 km (4.3 mi) near the polar regions, in winter.
வாயு குரோமடோகிராப்	வாயு குரோமடோகிராப்-வாயுக்கள் கொந்தளி-ப்பான மற்றும் அரை ஆவியாகும் கரிம சேர்மங்கள் அளவிட பயன்படுத்தப்பட்ட ஒரு கருவி.	GC	Gas Chromatograph-an instrument used to measure volatile and semi-volatile organic compounds in gases.
விகிதம்	ஒரு முதலீட்டு ஒரு இலாப, பொதுவாக வட்டி, ஈவுத்தொகைகள் அல்லது எந்த முதலீட்டாளர் முதலீடு இருந்து பெறும் மற்ற பண பரிமாற்றங்கள் உட்பட மதிப்பு, எந்த மாற்றமும் கொண்டது.	Ratio	A mathematical rela-tionship between two numbers indicating how many times the first number contains the second.
விமர்சன பாய்ச்சல்	சிக்கலான ஓட்டம் புரூடு எண் (பரிமாணமற்றது) 1 சமமாக இருக்கும் சந்தர்ப்பத்தில் உள்ளது அல்லது (ஆழம் பெருக்கி பூவியிர்ப்பு நிலை) = 1 சதுர ரூட் வகுக்க திசைவேகம் (பிறழ் ஓட்டம் மற்றும் துணைப்பிறழ்நிலை ஓட்டம் ஒப்பிடு).	Critical Flow	Critical flow is the special case where the Froude number (dimen-sionless) is equal to 1; or the velocity divided by the square root of (gravitational constant multiplied by the depth) = 1 (Compare to Supercritical Flow and Subcritical Flow).
விருப்பத்துக்குரிய உயிரினம்	காற்றுள்ள அல்லது காற்றில்லாத நிலைமை-களின் கீழ் பெருக்க ஒரு உயிரினம் வழக்கமாக ஒன்று அல்லது மற்ற நிலைமைகள் சாதக-மாகவே உள்ளது.	Facultative Organism	An organism that can propagate under either aerobic or anaerobic conditions; usually one or the other conditions is favored: as Facultative

Tamil	Tamil	English	English
	விருப்பத்துக்குரிய உயிர்வளி தேவைப்படும் நுண்ணுயிரி அல்லது விருப்பத்துக்குரிய காற்றில்லா நுண்ணுயிரி.		Aerobe or Facultative Anaerobe.
வினைத்திறன்	வினைத்திறன் பொதுவாக ஒரு பொருள் இரசாயன எதிர்வினைகள் அல்லது ஒருவருக்கொருவர் தொடர்பு என்று இரண்டு அல்லது அதற்கு மேற்பட்ட பொருட்களில் ரசாயன எதிர்வினைகளை குறிக்கிறது.	Reactivity	Reactivity generally refers to the chemical reactions of a single substance or the chemical reactions of two or more substances that interact with each other.
வினைபடு-பொருள்	பங்கு எடுக்கிறது மற்றும் உள்ளாகிறது என்று பொருள் ஒரு இரசாயன எதிர்வினை.	Reactant	A substance that takes part in and undergoes change during a chemical reaction.
வெடித்துள்ளது	வெளியேற்றப்பட்ட வாயுக்கள் சூழ்நிலையை மாசுபாட்டை தடுப்பதற்கு வெளியேற்றப்பட்ட எரியக்கூடிய வாயு எரியும் உற்பத்தி வசதிகள் மற்றும் நிலநிரப்புதல்கள் மூலம்.	Flaring	The burning of flammable gasses released from manufacturing facilities and landfills to prevent pollution of the atmosphere from the released gases.
வெப்ப உமிழ் எதிர்வினைகள்	ஒளி அல்லது வெப்ப மூலம் ஆற்றல் வெளியிட வேதி வினைகள்.	Exothermic Reactions	Chemical reactions that release energy by light or heat.
வெப்ப தீவு	பார்க்க: நகர்ப்புற வெப்பத் தீவு	Heat Island	See: Urban Heat Island
வெப்ப மண்டலம்	நேரடியாக மத்திய மண்டலம் மேலே நேரடியாக வெளி விண்கோளம் கீழே பூமி வளிமண்டலத்தில் அடுக்கு. இந்த அடுக்கு உள்ள, புற ஊதா கதிர் ஒளி அயனியாக்கம் மற்றும் தற்போதைய மூலக்கூறுகள் பிரிதல் ஏற்படுகிறது. வெப்ப மண்டலம் 85 கிலோமீட்டர் 53 மைல் பூமியின் மேலே தொடங்குகிறது.	Thermosphere	The layer of Earth atmosphere directly above the mesosphere and directly below the exosphere. Within this layer, ultraviolet radiation causes photoionization and photodissociation of molecules present. The thermosphere begins about 85 kilometers (53 mi) above the Earth.

Tamil	Tamil	English	English
வெப்பச்சிதவு	எரிபொருள் அல்லது இலவச ஆக்சிஜன் இல்லாத ஒரு கரிம பொருள் விரைவான விஷத்தன்மை.	Pyrolysis	Combustion or rapid oxidation of an organic substance in the absence of free oxygen.
வெப்பஞ் செல்லாநிலைச் செயல்முறை	ஒரு முறை மற்றும் அதன் சுற்றுப்புறங்களு-க்கு இடையில் வெப்பம் அல்லது விஷயம் இல்லாமல் இடமாற்றம் ஏற்படும் என்று ஒரு வெப்பவியக்கவியல் செயல்முறை.	Adiabatic Process	A thermodynamic process that occurs without transfer of heat or matter between a system and its surroundings.
வெப்பத்தை உள்வா-ங்கக்கூடிய எதிர்வினைகள்	ஒரு செயல்முறை அல்லது எதிர்வினை இது ஒரு அமைப்பு அதன் சுற்றுப்புறங்களையும் சக்தியை உறிஞ்சி பொதுவாக, ஆனால் எப்போதும், வெப்பத்தின் வடிவத்தில் உள்வாங்கக்கூடிய எதிர்வினைகள்.	Endothermic Reactions	A process or reaction in which a system absorbs energy from its surroundings; usually, but not always, in the form of heat.
வெப்பமாறா	நிலை அதில் உள்ள வெப்ப நுழையா அல்லது ஆய்வு ஒரு அமைப்பினை விட்டுவெளிவருதல் குறித்து படித்தல்.	Adiabatic	Relating to or denoting a process or condition in which heat does not enter or leave the system concerned during a period of study.
வெப்பவியக்க-வியல் செயல்-முறையில்	ஒரு முதல் வெப்ப இயக்குவிசை இல்லாத சமநிலை ஒரு இறுதி நிலத்த ஒரு வெப்ப இயக்கவியல் அமைப்பின் பத்தியில் ஆகும்.	Thermodynamic Process	The passage of a thermodynamic system from an initial to a final state of thermodynamic equilibrium.
வெற்றிடமாதல்	ஒரு திரவ துவாரங்களை உருவாக்கம் என்று ஒரு பம்ப் திசைகாட்டி பின்புறம் அழுத்தம் விரைவான மாற்றங்கள், உள்ளாக்கப்படும். அழுத்தம் வெற்றிடமாதல் நீராவி துவாரங்கள், அல்லது சிறிய குமிழிகள் உருவாக்கம், திரவ மீது படைகள் விளைவாக ஒரு திரவம் உள்ளது.	Cavitation	Cavitation is the formation of vapor cavities, or small bubbles, in a liquid as a consequence of forces acting upon the liquid. It usually occurs when a liquid is subjected to rapid changes of pressure, such as on the back side of a pump vane, that cause the formation of cavities where the pressure is relatively low.

Tamil	Tamil	English	English
ஜெராட்டர்	ஒரு நேர்மறை இடமாற்ற விசையியக்கக் குழாய்.	Gerotor	A positive displacement pump.
அடுக்கு வளிமண்டலம்	வெறும் மேற்பகுதி, மற்றும் மத்திய மண்டலம் கீழே பூமி சூழ்நிலையை இரண்டாவது முக்கிய அடுக்கு.	Stratosphere	The second major layer of Earth atmosphere, just above the troposphere, and below the mesosphere.
அலைமாலை அளவி	ஆய்வகம் கருவியைத் வேதியியல் கேள்வி அசுத்ததத்தின் வண்ண மாற்றுவதன் பின்னர், மாதிரி வழியாக ஒளிக்-கற்றையை கடந்து மூலம் திரவங்கள் பல்வேறு அசுத்தங்கள் செறிவை அளவிடுவதற்கு பயன்படுத்தப்படுகிறது கருவி புரோகிராம் குறிப்பிட்ட சோதனை திரவ என்று அசுத்தின் ஒரு செறிவு மாதிரி நிறம் தீவிரம் மற்றும் அடர்த்தி கூறுகிறது.	Spectrometer	A laboratory instrument used to measure the concentration of various contaminants in liquids by chemically altering the color of the contaminant in question and then passing a light beam through the sample. The specific test programmed into the instrument reads the intensity and density of the color in the sample as a concentration of that contaminant in the liquid.
ஹைட்ராலிக்	எந்த அழுத்தம் அளக்கப்படுகிறது புள்ளியை மேலே திரவ உயரம் மூலம் வெளிப்படுத்தினர் திரவ ஒரு பத்தியில் கொடுக்கும்.	Head (Hydraulic)	The force exerted by a column of liquid expressed by the height of the liquid above the point at which the pressure is measured.
ஹைட்ராலிக் ஏற்றுகிறது	கேலன்கள் திரவ அளவு நேரம் யூனிட் பகுதியில் யூனிட் ஒன்றுக்கு ஒரு வடிகட்டி, மண், அல்லது பிற பொருள் மேற்பரப்பில் வெளிவருவது ஆகும். சதுர அடி/நிமிடம்.	Hydraulic Loading	The volume of liquid that is discharged to the surface of a filter, soil, or other material per unit of area per unit of time, such as gallons/square foot/minute.
மெத்தில்-டெர்ட் ப்யூட்டைல் ஈதர்	மெத்தில்-டெர்ட் ப்யூட்டைல் ஈதர்	MtBE	Methyl-tert-Butyl Ether

REFERENCES

Das, G. 2016. *Hydraulic Engineering Fundamental Concepts.* New York: Momentum Press, LLC.

Freetranslation.com. August 2016. Retrieved from www.freetranslation.com/

Hopcroft, F. 2015. *Wastewater Treatment Concepts and Practices.* New York: Momentum Press, LLC.

Hopcroft, F. 2016. *Engineering Economics for Environmental Engineers.* New York: Momentum Press, LLC.

Kahl, A. 2016. *Introduction to Environmental Engineering.* New York: Momentum Press, LLC.

Pickles, C. 2016. *Environmental Site Investigation.* New York: Momentum Press, LLC.

Plourde, J.A. 2014. *Small-Scale Wind Power Design, Analysis, and Environmental Impacts.* New York: Momentum Press, LLC.

Sirokman, A.C. 2016. *Applied Chemistry for Environmental Engineering.* New York: Momentum Press, LLC.

Sirokman, A.C. 2016. *Chemistry for Environmental Engineering.* New York: Momentum Press, LLC.

The McGraw-Hill Companies, Inc. 2003. McGraw-Hill Dictionary of Scientific & Technical Terms, 6E. New York: The McGraw-Hill Companies, Inc.

Webster, N. 1979. *Webster's New Twentieth Century Dictionary, Unabridged.* 2nd Ed. Scotland: William Collins Publishers, Inc.

Wikipedia. March 2016. "Wikipedia.org." Retrieved from www.wikipedia.org/

OTHER TITLES IN OUR ENVIRONMENTAL ENGINEERING COLLECTION

Francis J. Hopcroft, Wentworth Institute of Technology, Editor

Environmental Site Investigation
by Christopher B. Pickles

Engineering Economics for Environmental Engineers
by Francis J. Hopcroft

Ponds, Lagoons, and Wetlands for Wastewater Management
by Matthew E. Verbyla

*Environmental Engineering Dictionary of Technical Terms and Phrases:
English to French and French to English*
by Francis J. Hopcroft, Valentina Barrios-Villegas,
and Sarah El Daccache

*Environmental Engineering Dictionary of Technical Terms and Phrases:
English to Romanian and Romanian to English*
by Francis J. Hopcroft and Cristina Cosma

*Environmental Engineering Dictionary of Technical Terms and Phrases:
English to Mandarin and Mandarin to English*
by Francis J. Hopcroft, Zhao Chen, and Bolin Li

Momentum Press is one of the leading book publishers in the field of engineering, mathematics, health, and applied sciences. Momentum Press offers over 30 collections, including Aerospace, Biomedical, Civil, Environmental, Nanomaterials, Geotechnical, and many others.

Momentum Press is actively seeking collection editors as well as authors. For more information about becoming an MP author or collection editor, please visit
http://www.momentumpress.net/contact

Announcing Digital Content Crafted by Librarians

Momentum Press offers digital content as authoritative treatments of advanced engineering topics by leaders in their field. Hosted on ebrary, MP provides practitioners, researchers, faculty, and students in engineering, science, and industry with innovative electronic content in sensors and controls engineering, advanced energy engineering, manufacturing, and materials science.

Momentum Press offers library-friendly terms:

- perpetual access for a one-time fee
- no subscriptions or access fees required
- unlimited concurrent usage permitted
- downloadable PDFs provided
- free MARC records included
- free trials

The **Momentum Press** digital library is very affordable, with no obligation to buy in future years.

For more information, please visit **www.momentumpress.net/library** or to set up a trial in the US, please contact **mpsales@globalepress.com**.

CPSIA information can be obtained
at www.ICGtesting.com
Printed in the USA
LVHW012235011121
702175LV00003B/122